THETA <small>シータ</small>
プラグインで
電子工作

山本勝也 著

C&R研究所

■本書の内容について

● 本書は著者・編集者が実際に操作した結果を慎重に検討し、著述・編集しています。ただし、本書の記述内容に関わる運用結果にまつわるあらゆる損害・障害につきましては、責任を負いませんのであらかじめご了承ください。

● 本書についての注意事項などを6ページに記載しております。本書をご利用いただく前に必ずお読みください。

● 本書で紹介しているサンプルコードは、著者のGitHubリポジトリからダウンロードすることができます。詳しくは6ページを参照してください。

● 本書については2020年12月現在の情報を基に記載しています。

● 本書の内容についてのお問い合わせについて

　　この度はC&R研究所の書籍をお買いあげいただきましてありがとうございます。本書の内容に関するお問い合わせは、「書名」「該当するページ番号」「返信先」を必ず明記の上、C&R研究所のホームページ(http://www.c-r.com/)の右上の「お問い合わせ」をクリックし、専用フォームからお送りいただくか、FAXまたは郵送で次の宛先までお送りください。お電話でのお問い合わせや本書の内容とは直接的に関係のない事柄に関するご質問にはお答えできませんので、あらかじめご了承ください。

〒950-3122 新潟県新潟市北区西名目所4083-6　株式会社 C&R研究所　編集部
FAX 025-258-2801
『THETAプラグインで電子工作』サポート係

⫸ PROLOGUE

　本書は、自由にプログラミングが可能な360°カメラ「RICOH THETA V」や「RICOH THETA Z1」と、現在、電子工作界隈で人気のM5Stack社が販売している2輪バランスカー「M5 BALA」やメカナムホイール車「RoverC」を組み合わせ、「映像を利用した車体の制御」を軸としたプログラミング技術の基礎（入り口）を伝える書籍です。いわゆる「趣味の電子工作本」というジャンルに該当すると思います。

　読者の方が「これ、自分でも作ってみたい！」と興味を持ってから実践するにあたり、難しさの敷居が少し下がるような部材を組み合わせてソフトウェアの技術を伝えています。電子工作を始めたいと思ったとき、半田付けとか、筐体の加工とか、組み立てとか、最初は大変かもと思うものですよね。半田付けはリード線4本、加工は一部の追加部品に穴をあける程度にとどまっています。そして、加工のあとはもとの使い方ができなくなってしまうかもと二の足を踏んでしまいそうです。安心してください。本書の実践をしても「RICOH THETA V」「RICOH THETA Z1」「M5 BALA」「RoverC」いずれについても、もとの姿が損なわれません。部品の着脱ができ、従来通りの使い方もできます。

　ハードウェアの加工はお手軽に、ソフトウェアの技術要素は基礎から機械学習の利用まで幅広く触れられる書籍になっていると思います。本書を見て「とにかくやってみよう」と、実践までしてもらえたら成功です。本書をもとに、他の機材を組み合わせた応用や、技術要素をもっと掘り下げるなどして、世界を広げていっていただけるとさらにうれしいです。

　加工の敷居を下げつつソフトウェアの要素をしっかりと伝えるにあたり、本書の中心となっているのが「RICOH THETA V」と「RICOH THETA Z1」です。こちらの製品、360°カメラとして認知されるようになってきていますし、スマートフォンなどからカメラを操るためのAPIが公開されているカメラとして認知が進んでいますが、「自由にプログラミングが可能」というあたりは想像がつかない読者の方もいらっしゃるかもしれません。カメラの中に自作のプログラムを仕込めるのです。RICOH THETAは複数の機種が存在しますが、この2機種はOSにAndroidが搭載されており、Androidアプリを作る技術（世の中に広まっており、応用も利く技術）で内部にプログラムが仕込めます。このアプリのことを「THETAプラグイン」と呼んでいます（後の章で詳しく解説します）。たとえば、Raspberry Piにカメラをつないで、プログラミングできるようにするまで、配線やらドライバのインストールやらカメラの固定やら大変そうですよね。カメラとコンピューターボードが一体となって筐体に収まっているRICOH THETAであれば、このような手順を省けるのです。そして無線LAN、Bluetooth、USBなどの各種通信手段も使えます。

　そして、車体について。機械学習（学習済みモデルの利用）もこなす演算能力をもつRICOH THETAですが、車体はついていません。そこで、あまり加工が必要なく廉価な、M5Stack社が販売している「M5 BALA」や「RoverC」を利用します。大きさ的にもRICOH THETAとマッチしていてかわいいです。「RoverC」のようなメカナムホイール車は電子工作界隈で人気ですが、Webで情報を探すと8方向移動以外の駆動方法について触れられていません。本書では

微妙な方向への制御についても触れています。

　ここで、少し筆者やこの書籍が出版された経緯についても触れながら、本書の構成について説明します。

　筆者はリコー社員でRICOH THETAという製品の開発に関わっていますが、他の有志メンバーとともに、Qiitaという技術情報が集まるSNSに「RICOH THETAプラグイン開発コミュニティ」というグループを作り、THETAプラグインの事例記事を随時発信しています（ちなみに、筆者のハンドル名は「@KA-2」です）。

　URL https://qiita.com/organizations/theta-plugin

　こんな活動を続けていたところ、RICOH THETA VとM5 BALAを使った「ラジコン」と「ライントレーサー」の記事がC&R研究所さまの目にとまり、本書出版の依頼を受け、現在に至りました。本書では、出版に至るまでの過程で増えた機械学習（学習済みモデル利用）の事例なども加え、次の3つの事例を解説しています。

- 事例1：映像を見ながら操れるラジコン
- 事例2：ライントレーサー（黒線認識とPID制御）
- 事例3：物体認識で動くメカナムホイール車

事例1と事例2は、依頼を受けた当時の状態に「遠隔でカメラの映像を見る」という新たな要素を加えてあります。FPV（First Person View＝操縦者視点）ってドローンの世界で当たり前になっていますものね。事例3は、機械学習の記事をベースにメカナムホイール車の制御、無線LANとBluetooth通信の両立という要素を加えてあります。つまるところ、すでにWeb記事をご存知の方であっても、本書にしかない要素を盛り込んであるので、十分に本書を楽しんでいただけると思っています。

　そして、事例1を基礎に事例2や事例3で技術要素が盛られていく構成になっています。過去の事例で説明済みの事項は新たな事例では説明していませんので、初心者の方は順に事例をこなしていくことをお勧めします。

　すでにArduinoやRaspberry Piの経験はあるが、Androidアプリの作成に抵抗がある方でもご安心ください、筆者もTHETAプラグインに関わりQiitaの活動を始めるまで、Androidアプリを作ったことがありませんでした（もともとは組み込み系のソフトウェア技術者です。Javaを使い慣れた方から見ると、初心者まるだしのコードがあるかと思います）。

　Androidアプリのことを少しずつ覚えていくと（たぶん、アクティビティのライフサイクル、システム全体を健全に動作させ続けるための仕組み、というあたりに壁があるかもしれません）、電子工作やお仕事の幅も広がります。THETAプラグインを通して学んだことは、そっくりAndroidスマートフォンアプリに活かせます。開発環境が無料ですし、ちょっとしたツールを作るのに便利です。パソコンより手軽にはじめられ、パソコンでできることは大抵できてしまいます。

　本書に含まれている技術要素は、目次を見ていただくとわかるのですが、画像処理、Web系（WebUIのサーバーを立てるなど）、各種通信（無線LAN、Bluetooth SPP、USB、シリアル通信、I2C）、モータ制御、機械学習と幅広いです。取り扱うコンピュータ言語は、Javaを軸としつつNDK（C/C++）、Arduino、JavaScript、HTMLと複数あります。ちょっとしたロボットを作るようなものですからこんな感じになりますね。総合力が問われます。概ね、高専や工学系の大学の学生さんにとって、ほどよいトレーニングになる内容だと思います。

　本書では、真似できる最低ラインの情報を掲載してありますが、組み合わせているそれぞれの事項の入門書ではありません。必要に応じて、それぞれの事項を自力で調べる努力は行ってください。

　また、取り上げられている技術要素を部分的に使い、別ジャンルのTHETAプラグイン作成や、後述するRICOH THETAプラグインストアへの公開を行っていただけると幸いです。

　それでは、THETAプラグインを使った電子工作の世界へ足を踏み入れてください。

2020年12月

株式会社リコー

SmartVision事業本部 THETA開発部 企画グループ

山本　勝也

本書について

対象読者について

本書は一定レベルのプログラミングの知識が読者にあることを前提としています。特にAndroidアプリの開発経験があることが望ましいです。プログラミングの基本などについては解説を省略していますので、あらかじめご了承ください。

また、本書ではサンプルのソースコードのすべては掲載しておらず、ポイントとなる箇所のみ抜粋・解説しています。サンプルのすべてのソースコードについては後述するGitHubのリポジトリからダウンロードできますが、それらを読み解くことができるレベルの知識（JavaやC/C++のプログラミングの知識）を前提として解説していますので、ご了承ください。

なお、開発環境の構築などについても説明を省略しているところがありますが、ご自身で対応できるレベルのPCの操作レベルも必要となります。

動作環境について

本書では、次のような開発環境で開発・動作の確認を行っています。

- Windows 7/10
- Android Studio 4.0.1/4.1.1
- Arduino IDE 1.8.13

バージョンアップなどによって動作が異なったり、動作しなくなる可能性があります。その場合、ご自身で対応いただくことを前提としています。

本書に記載したソースコードの中の▼について

本書に記載したサンプルプログラムは、誌面の都合上、1つのサンプルプログラムがページをまたがって記載されていることがあります。その場合は▼の記号で、1つのコードであることを表しています。

サンプルについて

本書で解説している事例1（CHAPTER 04）、事例2（CHAPTER 05）、事例3（CHAPTER 06）のソースコードは、下記のページにて閲覧することができます。

URL https://github.com/theta-skunkworks/
theta-plugin-m5bara-fpv-remote

URL https://github.com/theta-skunkworks/
theta-plugin-m5bara-fpv-linetracer

URL https://github.com/theta-skunkworks/
theta-plugin-spp-roverc

CONTENTS

■ CHAPTER 03

開発環境のセットアップ

■ CHAPTER 04

映像を見ながら操れるラジコン〜事例1

■CHAPTER 05
ライントレーサー（黒線認識とPID制御）〜事例2

■CHAPTER 06

物体認識で動くメカナムホイール車～事例3

CHAPTER 01

THETAプラグインの概要

THETAプラグインとは

　RICOH THETAは360°カメラ（横方向の360°でなく全方位の映像が得られるカメラ。弊社では「全天球カメラ」と呼ばせていただいています）としてすでに認知されていることと思います。本書を手にした方には、この点について説明不要でしょう。

▌「RICOH THETA API」と「RICOH THETA Plug-in」

　そして、私たちは世間の技術者の方々へ、次の点についてアピールを続けています。

- ● 外部機器から操るためのAPIが公開されているカメラ
- ● 内部に自由にプログラムが仕込めるカメラ

　前者については「RICOH THETA API」としてご存知の方も多いかもしれません。類似のAPIを公開しているデジタルカメラは世間にもあふれています。RICOH THETAの場合、「無線LAN」「BLE」「USB」と3種類の通信手段それぞれにAPIが設けられていますが、本書に関係があるのは「無線LAN」を利用するものです。本書では「RICOH THETA API」と書いたとき特に補足がなければ「無線LANのAPI」を指します。

　後者について、弊社では「RICOH THETA Plug-in」（本書では「THETAプラグイン」とも呼称しています）と呼ばせていただき、普及に努めている最中です。ひらたくいうとスマートフォンにおける「アプリ」の存在と同じです。

　「あまり独自すぎることを新しく覚えるのは厄介かも」という先入観もあるのか、なかなかとっつきにくいのかもしれませんが、下記の通り、広く普及した既存技術を利用しているにすぎません。

▌「RICOH THETA API」で利用する技術

　「RICOH THETA API」の中で無線LANを利用するものは、Webの世界で一般的なHTTPのPOST/GETでJSON形式（テキストベース）のデータをやり取りする通信です。ちょっとしたツール（curlが有名で、Linux、macOSはもとよりWindowsでもOK）があれば、パソコンのコマンドラインからもRICOH THETAが操れてしまいます。JavaScriptを利用してブラウザ用のRICOH THETAアプリを作ることも容易です。ESP系マイコンとも非常に相性が良いです（電子工作で無線LANを使うのは、もう当たり前でしょ?）。

▌▌「RICOH THETA Plug-in」で利用する技術

　「RICOH THETA Plug-in」は、OSにAndroidを搭載したRICOH THETA V、RICOH THETA Z1で利用することができる、Androidアプリケーションです。通常、Androidアプリでカメラを扱うのは敷居が高いと思うのですが、RICOH THETAの場合、RICOH THETA APIをローカルループバック（カメラ内部のネットワーク通信）で利用することで、多くのことが簡単にできてしまいます。開発環境も無料です。廉価なAndroidデバイスは豊富ですし、（あまり知られてないようですが）USBシリアル通信も使え、電子工作にも便利です。ノートパソコンを持ち出すほどでもないことに役立ちます。身に付けて損のない技術でしょう。

　下図を踏まえながら、それぞれについてもう少し詳しく説明します。

01

THETAプラグインの概要

●RICOH THETAの生い立ち

これまでのTHETA

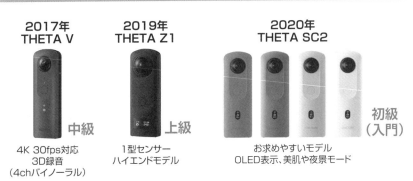

2013年
初代THETA

360°写真を
手軽に撮れる

2014年
THETA m15

動画も撮れる
お求めやすく

2015年
THETA S

天の川も写る
（画質向上）
ライブストリーミング

2016年
THETA SC

THETA S画質を
お求めやすく
動画系機能は少し省略

現行機　　　(2020年10月時点)

2017年
THETA V

中級

4K 30fps対応
3D録音
（4chバイノーラル）

Android搭載

2019年
THETA Z1

上級

1型センサー
ハイエンドモデル

2020年
THETA SC2

初級
（入門）

お求めやすいモデル
OLED表示、美肌や夜景モード

RICOH THETA API

RICOH THETA APIについて、もう少し詳しく説明しましょう。

III RICOH THETAは発売当初から外部機器での操作が可能

RICOH THETAは2013年に初代が発売された当初より、無線LANの通信仕様を公開し、プログラミングに心得のある方ならどなたでも、外部機器からRICOH THETAを操れる（設定、撮影、データ取得）状態を整えていました。USB通信の1プロトコルであるPTP/MTPをベースとしたバイナリデータのやり取りを無線LANに適用したものです。しかし、個人技術者の方が基礎となるPTP/MTPの仕様を入手することが困難な状態にありました（仕事などでの経験がある方は基礎的な仕様を覚えていて、"THETAハッキング"などを行っていたようです）。この仕様は2014年発売のRICOH THETA m15まで続きます。

III OSCの策定

そんな中、世間では、360°映像の利用に広がりが見られ出した頃合です。Googleストリートビューの普及と機能拡張に伴い、OSC（Open Spherical Camera API）という360°カメラの共通通信仕様がGoogleによって策定されました。前述の通りHTTPのPOST/GETをベースとしたJSON形式の文字列をやり取りします。広義にはWeb APIなどとも呼ばれるよく知られた形式になっています。

III OSCへの準拠

2015年に発売したRICOH THETA Sでは、無線LANの通信仕様がOSCに準拠したRICOH THETA API v2.0に刷新され、2017年に発売されたRICOH THETA Vの発売以降、現在では RICOH THETA API v2.1にバージョンアップしています（現在は販売終了となったRICOH THETA SやRICOH THETA SCも終盤のファームウェアアップデートを行うとRICOH THETA API v2.1にも対応した機材になります）。

詳細については、下記のURLからダイレクトにアクセスできます。

URL https://api.ricoh/docs/#ricoh-theta-api

英文ですが、Google翻訳などで十分に読み解けます。

RICOH THETA Plug-in

RICOH THETA Plug-inについて、もう少し詳しく説明しましょう。

▌▌▌RICOH THETA APIでできないこと

RICOH THETA APIが前述のように成長する一方、初代RICOH THETAを発売してからRICOH THETA APIを利用している方々の様子を見てみると、一般カメラのような「映像の記録」と「記録した映像の視聴」にとどまらない利用をしていることがわかりました。

RICOH THETA本体に加え、なんらかの外部機器を組み合わせていろいろなことを行っているのですが、RICOH THETAとRaspberry Piというような構成でも「機材が多い」という点で困るケースもあるようでした。いざ運用となると電源の確保やら設置スペースの確保、固定方法、結線、セットアップということになり、「手軽さ」が損なわれてしまうのです。

また、利用方法の「種類」が多いです。シーンや目的に特化したことに利用しています。もし、本体ファームウェアにその機能を実装しても利用者は少ないでしょう。こういった実装を私たちが行い、費用を本体価格に上乗せしてしまうと、商品に手が届きにくくなってしまいますし、開発に時間も要します。そうなってしまうと、商売が成り立ちません。

▌▌▌ハードウェアの演算能力の向上と「RICOH THETA Plug-in」の成り立ち

そんな状況をうかがいながら、360°カメラ本体は高い演算能力が必要とされる時代になっていきました。これは一般カメラにおいても、いまなお続いています。

ポイントの1つは「動画の解像度とフレームレートの増加」です。これに加えRICOH THETAは、「カメラの中で360°映像を生成できる」ことをウリにしています。複数のカメラ映像を繋ぎ合わせ「Equirectangular（正距円筒）」と呼ばれる投影形式の映像にします。地球儀と世界地図の関係における「世界地図側」の1枚映像です。

RICOH THETA Vでは自然とハードウェアの演算能力を上げる選択をしたのですが、演算能力が上がると汎用OSの採用が可能となります。汎用OSであれば、外部の開発者の方々が気軽に安全なアプリを作れる環境を提供できます。そんな経緯で「RICOH THETA Plug-in」が生まれ、作成物を相互利用できるように「RICOH THETA Plug-in STORE」（本書では「RICOH THETAプラグインストア」とも記載します）も用意しました。

URL https://pluginstore.theta360.com/

01

THETAプラグインの概要

← → C 🔒 pluginstore.theta360.com

PLUG-IN STORE
Make Your THETA

RICOH Plugins ▼ Partner Plug-ins ▼ Enjoy ▼ Develop ▼

RICOH Plug-ins

Underside Cover
Ricoh Company, Ltd.

Animation Auto Framing
Ricoh Company, Ltd.

360 Hunting Game
Ricoh Company, Ltd.

Time Shift Shooting
Ricoh Company, Ltd.

Smart Device
Ricoh Company, Ltd.

Single Lens Shooting
Ricoh Company, Ltd.

VR Media Connection
Ricoh Company, Ltd.

File cloud upload V2
Ricoh Company, Ltd.

Wireless Live Streaming
Ricoh Company, Ltd.

Self-timer Locked
Ricoh Company, Ltd.

Automatic Face Blur BETA
Ricoh Company, Ltd.

Partner Plug-ins

Nossa360biz
Nossa

DualFisheye Plugin
hirota41d

Site Scanner Plugin
Disperse

Authydra
Kasper Oerlemans

360 Monitor Free
SKUNK WORKS

Chirp Remote
SKUNK WORKS

AVATOU
REMOTE PRESENCE

Device WebAPI

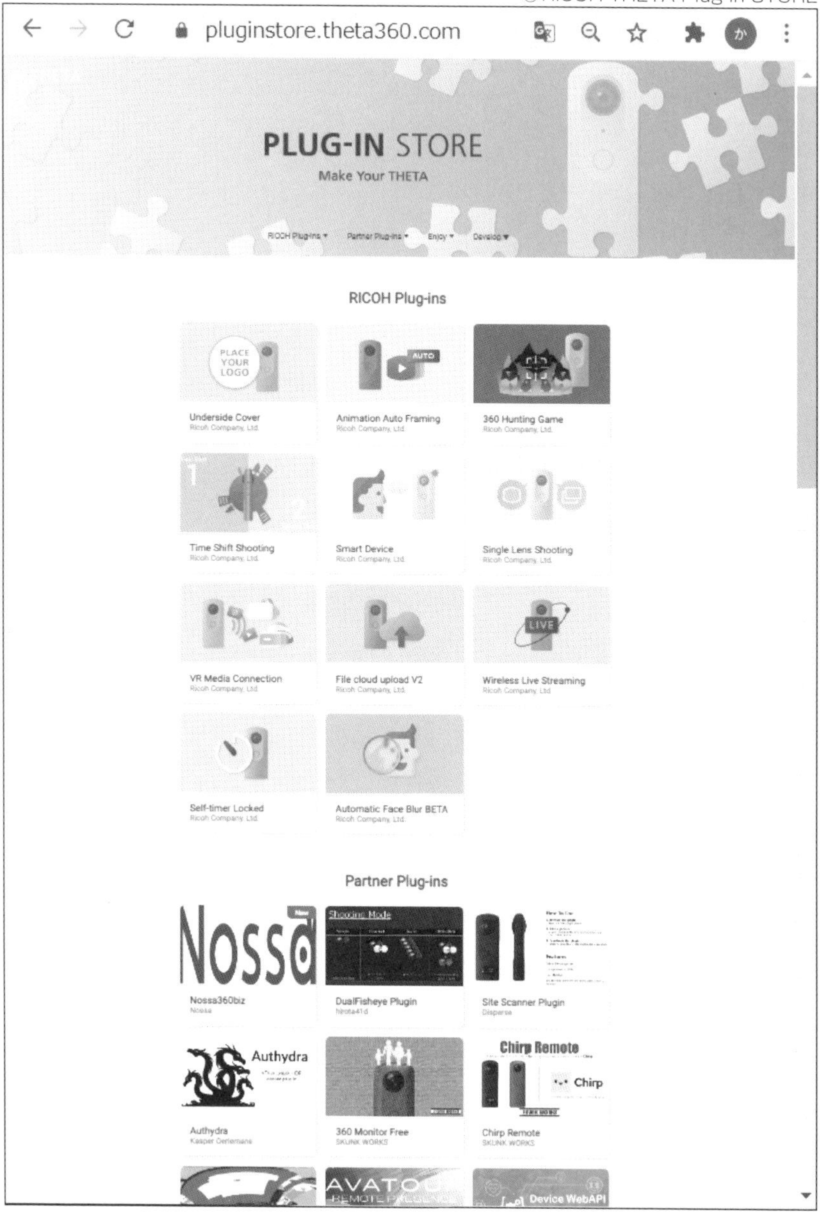

■■■ 「RICOH THETA Plug-in」でできること

　「RICOH THETA Plug-in」は動画記録中やライブ配信中でなければ、概ねRaspberry Pi 3程度の演算リソースを自由に扱うことができます。演算リソース以外に、どんなハードウェアリソースを利用できるかを図示すると次のようになります。

●利用できるハードウェアリソース

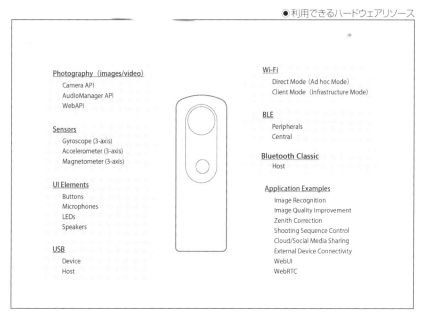

Photography （images/video）
　Camera API
　AudioManager API
　WebAPI

Sensors
　Gyroscope (3-axis)
　Accelerometer (3-axis)
　Magnetometer (3-axis)

UI Elements
　Buttons
　Microphones
　LEDs
　Speakers

USB
　Device
　Host

Wi-Fi
　Direct Mode （Ad hoc Mode）
　Client Mode （Infrastructure Mode）

BLE
　Peripherals
　Central

Bluetooth Classic
　Host

Application Examples
　Image Recognition
　Image Quality Improvement
　Zenith Correction
　Shooting Sequence Control
　Cloud/Social Media Sharing
　External Device Connectivity
　WebUI
　WebRTC

　この図は下記のURLにも掲載されています。

URL https://api.ricoh/docs/theta-plugin/

　高度なコンピューターボードや皆さんがお使いの汎用コンピュータに近しいです。画面がついていない点は不自由しますが、VysorというClockworkMod社が提供しているツールを使うと、スマートフォンのような仮想画面を見ることもできます（後の章で説明します）。さらには、Androidの内側にはLinuxが隠れているのですが、内側のLinuxを使い、RICOH THETA内部でPythonを動かすことさえもできてしまいます。下記のQiita記事で紹介していたりもしますが、こういったトライをするとAndroidのことやTHETAプラグインの仕組みをより深く理解することができます。気になった方はお試しあれ。

URL https://qiita.com/KA-2/items/29bd65f0b38925ad5417

　「THETAプラグインで何ができる（作れる）の?」と聞かれることもあるのですが、「汎用コンピュータ（Raspberry Piや少し前のスマホ）にできることなら大抵のことは」と答えています。それくらいRICOH THETA VとRICOH THETA Z1は汎用コンピュータです。

▌▌▌ THETAプラグインのまとめ

　THETAプラグインについて概要をまとめると次のようになります（これまでの文章に入らなかった細かな点も少し含めています）。

▶ THETAプラグインとは?

　THETAプラグインとは、OSにAndroidを搭載したRICOH THETA V、RICOH THETA Z1で利用することができる、Androidアプリケーションです。

▶ 開発環境は?

　開発環境には、Googleが無償で提供しているAndroid Studioを推奨しています。

▶ 開発言語は?

　開発言語は、推奨環境で利用する場合、Java、Kotlin、NDK（C/C++）です。

▶ THETAプラグインが使える内部ハードウェアリソースは?

　THETAプラグインが使える内部ハードウェアリソースは、次の通りです。

- 360°カメラ(Android Camera API／RICOH THETA APIのローカルループバック実行)
- Qualcomm Snapdragon645(APQ8053 : CPU A-53 octa & GPU Adrend 506)
- RAM:3GB、ROM:アプリ領域(Total 2GB、1apk Max256MB)、画像保存領域(19GB)
- 無線LAN(AP/CL)/BLE(central/peripherals)/Bluetooth Classic(Host)
- 9軸センサー
- USB Host
- マイク、スピーカー
- 各種ボタンと表示器(RICOH THETA V : LED、RICOH THETA Z1 : OLED)

▶ 開発を行うには何か手続きが必要?

　開発を行う際に必要な手続きとしては、Webサイトからシリアルナンバー（S/N）を登録していただいた後、PC用THETA基本アプリ（無償）を使い、RICOH THETAを「開発者モード」にしていただく必要があります。

　本書で少しも触れない事項は「Kotlin」「GPU」「BLE［central/peripherals］」「マイク、スピーカー」くらいでしょうか。「電子工作」「モータ車との連携」を切り口にしている割に、THETAプラグインに関わるかなりの事項を網羅しています。それだけに一度にすべてを吸収するのは大変かもしれませんが、一度、ひと通り真似しておくと、本書から要素を切り出して、何か別のことへの応用するときに頭がついていくようになると思います。わからないところはゆっくりと咀嚼して消化すればよいです。そして、本書で足りないものはQiitaに事例があります。ご自身のペースで興味の範囲を広げていただけると幸いです。

CHAPTER 02

必要な機材

本書で紹介する事例

序文でも触れましたが、本書では次の3つの事例を解説します。

- 事例1：映像を見ながら操れるラジコン
- 事例2：ライントレーサー（黒線認識とPID制御）
- 事例3：物体認識で動くメカナムホイール車

事例1と事例2で市販の2輪車、事例3で市販のメカナムホイール車を土台とし、ちょっとした改造（一部穴あけ程度の加工）を加えてRICOH THETAを搭載します。本章では、それらに必要な部品リストを軸に次節以降で掲載しておきます（細かな物は別の形で代替可能であったりもします。アレンジやカスタマイズはお任せします）。

細かな組み立て（この章でもわかりますが）については、それぞれの各章を参照してください。

開発用のパソコンや、ビルドしたアプリケーションをインストールするときに使用するUSBケーブル（RICOH THETAに添付されているもので十分です）については割愛します。

事例1〜3で共通に必要な機材について

ここでは、事例1〜3で共通で必要な機材について説明します。

▌▌▌ RICOH THETA

まずは本書の主要機材となるRICOH THETAですが、執筆時点では次の2製品が対応
となります。

- RICOH THETA V
- RICOH THETA Z1

●RICOH THETA V

●RICOH THETA Z1

　本書ではどちらでも動作する事例を掲載しています。車体にRICOH THETAを載せるの
で、軽いほうがモータ負荷を低減できますし、倒れにくくなります。事例の記載はOLEDの説
明をする局部的なところを除いてRICOH THETA Vを利用しています。RICOH THETA
Z1はRICOH THETA Vより重いので、本書に従ってモータ駆動のパラメータを調整した結
果が微妙に異なってくることがありますが、自然なことです。

スマートフォンとスマートフォン用ブラウザ

　本書では、ブラウザを使って、THETAプラグインがWebUIに出力している映像を確認したりします。事例1ではコントローラにもなります。Android/iOSを問いません。本書ではAndroidスマートフォンと、ブラウザはChromeを利用しています。

02

必要な機材

事例1と事例2の外観と必要な機材

　ここでは事例1と事例2の外観と必要な機材について説明します。事例1と事例2は必要な機材は同じです（事例1は事例2の事前準備の性格もあります）。

▌▌▌事例1と事例2の出来上がりの外観

　出来上がりの外観は次のような感じです。

◉事例1・2の出来上がりの外観（前）

◉事例1・2の出来上がりの外観（後ろ）

■■■ 事例1と事例2で必要な機材

事例1と事例2で必要な機材は下表の通りです。

名称	価格帯 (参考)	カテゴリ	説明
M5 BALA	8000円付近	車体	2輪車
USB OTGアダプタ (miniB – TypeAメス)	400円付近	通信	小型のもの(場合により要加工)。TypeAオスコネクタに埋まるものもある。
USBケーブル (miniB – TypeA オス)	600円付近	通信	短いものでOTG対応していること。写真のものは0.15m
Pro Micro 5V 16MHz版	1000円付近	通信 変換	互換機を含めると入手性は良いが、価格や品質がピンキリ。GROVEコネクタ付ケーブルとの半田付けが必要となる
GROVEコネクタ付 ケーブル	1本あたり 100円程度	通信	両端GROVEコネクタのケーブルを片側カットでよいです。爪がある場合は自身でカットする。1個での購入は困難
RICOH TE-1	1900円程度	固定具	
1/4インチねじ	1個あたり 200円程度	固定具	多種ある。1個での購入は困難。
M5GO/FIRE用 チャージベース	—	固定具	M5Stack FIRE付属品。単品購入した場合550程度。要穴あけ加工
レゴテクニックパーツ テクニック 鉄球18mm	1300円付近	3輪化	バラ売り店舗が少なめ。
レゴテクニックパーツ テクニック ステアリング ボールジョイント	600円付近	3輪化	バラ売り店舗が少なめ。
ステアリングボール ジョイント固定用の パーツ各種	—	3輪化	M5Camera付属品 ・L字パーツ ・テクニックピン - ピンホール×2 ・テクニックピン2780×4 ※アレンジ可能
L字 LEGOパーツ	—	後転倒 防止	M5Stack FIRE付属品 ※アレンジ可能
テクニックピン 2780×6	—	各部連 結	M5Stack FIRE付属品 BALAとチャージベース連結に4つ 後転倒防止パーツに2つ

事例3の外観と必要な機材

ここでは事例3の外観と必要な機材について説明します。

▌▌▌事例3の出来上がりの外観

出来上がりの外観は次のような感じです。

●事例3の出来上がりの外観（前）

●事例3の出来上がりの外観（後ろ）

⫶⫶⫶ 事例3で必要な機材

事例3で必要な機材は下表の通りです。

名称	価格帯 （参考）	カテゴリ	説明
RoverCまたは RoverC Pro	無印は6200 円付近、 Proは7000 円付近	車体	M5StickCまたはM5StickC Plusと組み合わせて利用するメカナムホイール車。現在はRover Cにアームがついた「Rover C Pro」でないと購入できない可能性あり
M5StickC	1700円付近	通信& 制御	Bluetooth Classic SPPでRICOH THETAと通信し、RICOH THETAからの指示に従い、モータドライバを制御する
アクリル円盤 （径50×3mm）	520円	固定具	適当な大きさ厚みであればOK。同じものである必要はない（穴あけ程度の自力加工は必要）
M3規格六角スペーサー （連結可26mm×4本）	—	固定具	多種ある。1個での購入は困難。本書では20mmと6mmを組み合わせて26mmの高さを作っている
M3規格ネジ×4本	—	固定具	多種ある。1個での購入は困難。スペーサーと一緒になったセットもある
RICOH TE-1	1900円程度	固定具	事例3ではなくてもよい。THETAプラグイン側のデバッグ時には、あると便利
1/4インチネジ	1個あたり 200円程度	固定具	多種ある。1個での購入は困難

CHAPTER 03

開発環境の
セットアップ

本書で必要な開発環境について

　まずは、先の章で触れた「THETAプラグイン開発を行うために必要な手続き」、そして、THETAプラグインを開発するためのツール「Android Studioのセットアップ」と、本書ではRICOH THETAだけでなくPro MicroやM5StickCにもプログラムを書き込むので、それらの開発ツール「Arduino IDEのセットアップ」という3つの事項について説明します。

　すでにTHETAプラグインの開発者登録が済んでいる方、Android StudioやArduino IDEの開発環境構築が済んでいる方は、適宜、読み飛ばしてください。

　また、開発環境構築について、本書では執筆時点における最低限のポイントを記すに留めています。作業を行うときの最新情報入手とアップデートはご自身で行うようにしてください。

SECTION-009

THETAプラグイン開発を行うために
必要な手続き

THETAプラグイン開発を行うには、次のような手続きが必要です。

1 開発者登録(メールアドレス登録) → RICOH THETAのS/N登録用のURLをもらう

2 RICOH THETAのS/Nなどを登録 → S/N登録完了通知をもらう

3 RICOH THETA本体を開発者モードにする → お持ちのRICOH THETAで開発できます!

1 と **2** はWebサイトから行います。**3** はPC用のTHETA基本アプリ(無料)を使って行います。Webサイトは英語ですが、翻訳サイトなどを利用して読み解けると思いますし、次のQiita記事でもやさしく説明しています。

URL https://qiita.com/mShiiina/items/55d98f366e650ca42251

それでは、それぞれの作業について説明します。

RICOH THETA Plug-in Partner Programへの登録

下記のサイトから「Register now」ボタンをクリックして、メールアドレス登録画面を開き、メールアドレスを入力したら「Confirm」ボタンをクリックします。

URL https://api.ricoh/products/theta-plugin/

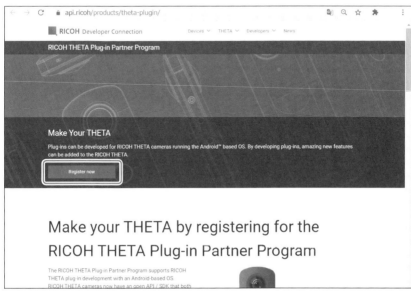

次の画面でメールアドレスを確認し、間違いがなければ「OK」ボタンをクリックします。
その後、次の画面が出てきたらメールアドレスの送信成功です。

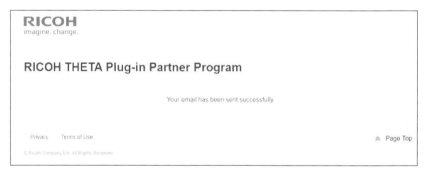

あとは、RICOH THETA Plug-in Partner Program Officeからのメールをお待ちください。

03

開発環境のセットアップ

ⅢⅠ RICOH THETAのS/N登録

RICOH THETA Plug-in Partner Program Officeからメールが届いたら、「Registration Form」と記されているURLから、次のログインページを開いてください。メールに記されているメールアドレスとパスワードを使ってログインします。

ログインすると次の入力画面が表示されます。

1. Developer Information

[Required] First Name

[Required] Last Name

[Required] Country of Residence

[Required] Zip Code

[Required] Address

[Required] Company name

Section

Telephone number

念のため、下記に解説を載せておきます。英語での入力をお願いします。

入力欄の表記	日本語訳	特記事項
First Name	名（必須）	
Last Name	姓（必須）	
Country of Residence	現在の居住国（必須）	
Zip Code	郵便番号（必須）	
Address	住所（必須）	
Company name	会社名（必須）	RICOH THETAプラグインストアにプラグインを公開した場合、「開発者名」となる。個人の場合はハンドルネームなどでOK
Section	部署名	
Telephone number	電話番号	

03

開発環境のセットアップ

31

必須以外の項目は空欄でも問題ありません。さらに下部には次の入力欄があります。

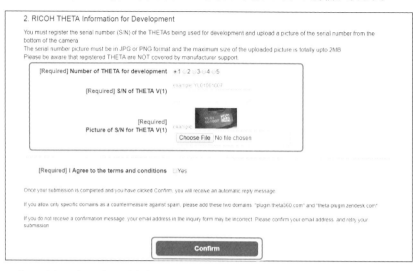

上から順に、次のようになります。

- 登録したいRICOH THETAの台数
- プラグイン開発をするRICOH THETAのシリアルナンバー
- 登録するRICOH THETAのシリアルナンバーの写真（2MBまで）

　入力が終わったら、「terms & condition」（規約と条件）をご確認いただき、「Yes」をONにしたあと、「Confirm」ボタンをクリックしてください。

　その後、登録内容を確認する次の画面が開くので、問題なければ「Register」ボタンをクリックします。

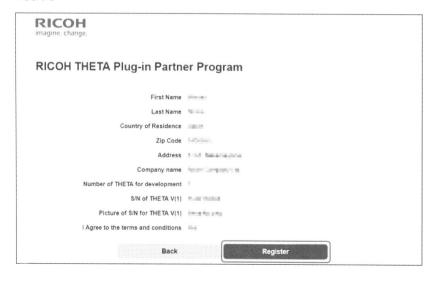

この登録操作からあまり時間が立たないうちに、RICOH THETA Plug-in Partner Program Officeからメールが届きますが、こちらは「登録情報を受け取りました」という連絡です。正式な登録まで、日本時間で最長5営業日いただいています。

再度、RICOH THETA Plug-in Partner Program Officeからメールが届いたら、本登録完了です。このメールには、登録情報の変更方法や、開発したプラグインのRICOH THETAプラグインストアでの公開方法、技術的な問い合わせの方法などが明記されているので、ご一読ください。

▌RICOH THETAを開発者モードにする(PC用THETA基本アプリの操作)

RICOH THETAのS/N番号まで登録が終わると、PC用THETA基本アプリ(ビューワーがメイン機能のアプリなのですが、ファームアップデート、プラグインの管理、天頂補正なども行えます)から、お手持ちのRICOH THETAを開発者モードにすることができます。

PC用THETA基本アプリは次のサイトから無料でダウンロードして利用することができます。

URL https://theta360.com/ja/about/application/pc.html

●PC用THETA基本アプリのダウンロードサイト

03

開発環境のセットアップ

33

　PCは外部ネットワークに接続している状態にしてください。そしてUSBケーブルを使って
RICOH THETAとPCを接続した状態にしてください。

　あとは、PC用THETA基本アプリを立ち上げ、メニューから「ファイル」→「開発者モード」
を選択してクリックします。

　すると、次のダイアログが表示されるので「ON」をONにして、ダイアログ右下の「OK」ボタ
ンをクリックします。

　次のダイアログが表示されると、お手持ちのRICOH THETAが開発者モードになっていま
す。「OK」ボタンをクリックしてダイアログを閉じれば作業終了です。

Android Studioのセットアップ

Android StudioはGoogle社が提供している開発ツールです。最新の情報はGoogleの開発者サイトから入手するようにしてください。

URL https://developer.android.com/studio/install?hl=ja

インストール

最新版は下記にあります。執筆時点の最新版はWindowsの場合、4.0.1でした（PCに応じた最新情報が表示されます）。

URL https://developer.android.com/studio?hl=ja

●最新版のAndroid Stuidoのダウンロード

ダウンロードおよびインストールには1時間程度かかると思います。随時、出てくるダイアログに従って作業を進めてください。

環境設定

RICOH THETA VおよびRICOH THETA Z1はAndroid 7.1.1をベースとしたOSを搭載しています。RICOH THETAに搭載しているAndroidのバージョンにあったAndroid SDKがインストールされていることを確認し、足りない場合には追加インストールします。

「File」→「Settings」を選択して表示される画面左側の「Android SDK」をクリックして表示される下記の画面において「Android 7.1.1」のSDKがONになっていない場合はONにして「Apply」ボタンをクリックください。PCが外部ネットワークに接続されていればインストールが開始されます。あとは途中途中で表示される案内に従って作業を進めればよいです。

動作確認

下記のURLからRICOH THETA Plug-in SDKをダウンロードしてください。これは「シャッターボタンが押されたら静止画撮影をする」という最小限のサンプルプログラム（プロジェクトファイル一式）です。

> **URL** https://github.com/ricohapi/theta-plugin-sdk

GitHubなのでダウンロードの仕方はお任せします。Git系のツールをお持ちの方はご自身のPCのどこかにクローンを作成することと思います。特にGit系のツールをお持ちでない場合には「Download ZIP」からzipファイルをダウンロードしたあと展開すればOKです。

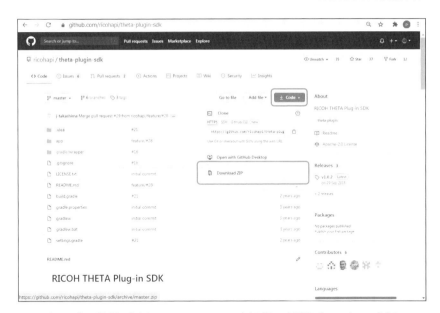

ファイル一式が展開できたら、Android Studioを起動し、展開したファイル一式をImportします。

初めての場合は次の画面の「Import Project」から開きます。

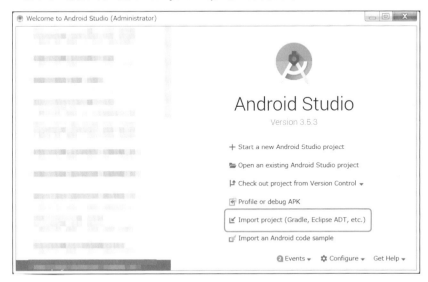

03
開発環境のセットアップ

何かプロジェクトを開いたことがある場合、メニューの「File」→「New」→「Import Project」から開きます。

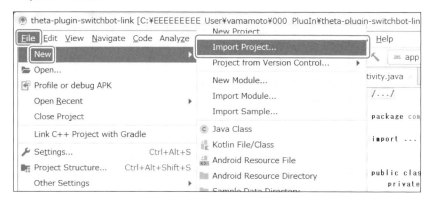

Android Studioは、プロジェクトを構成するファイルを一通りチェックするので、その作業が終わるまでしばし待ってください。チェックにより、何か足りないビルドツールなどがあるようならエラーメッセージで通知してくれるので、エラーメッセージをクリックして指示に従って作業をすればよいです。

次のように、Android Studio下部の「Build」に関するメッセージ部分にあるチェックがすべて緑色になっていれば正常です。

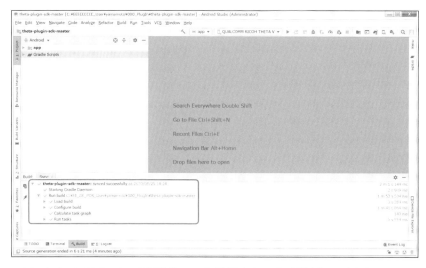

ここで、Android Studioの画面を使って、よく使用するファイルを説明しておきます。Android Studio画面左側のツリーを次のように開いてみてください。

特に頻繁に編集するのは上図の枠で囲った下記のファイルやフォルダになります。最低限までしか説明しませんが、Androidアプリケーション作成方法とまったく変わりません。必要が生じた際には、随時Web検索などをして、細かな事項を覚えていってください。

ファイル/フォルダ名	説明
App-> manifests-> AndroidManifest.xml	主に、作成するアプリケーションが利用するハードウェアリソースの使用権（パーミッション）に関する定義などを記述する
App->java-> com.theta360.pluginapplication	Javaのソースコードがあるフォルダ。特に「MainActivity」というjavaファイルは、Androidアプリケーションにおけるメインルーチンのような存在になる。「com.theta360.pluginapplication」に該当するフォルダ構成は、「インストールするパッケージの名称（アプリケーションを識別する文字列）」にもなっている。THETAプラグインストアにリリースする際にはAndroidアプリケーションの慣例に従う。個人で複数のアプリケーションを作成する際には、「pluginapplication」の辺りだけ固有の名称にすることでも対応できる
Gradle Scripts-> build.gradle（Module:app）	ビルドに関する定義が記述されている。前述の「インストールするパッケージの名称（アプリケーションを識別する文字列）」の定義もapplicationIdとして定義されている。その他、外部ライブラリを使用するときや、作成しているアプリケーションのバージョン番号を変更するときなどにもこのファイルを編集する

　それでは、サンプルプログラムをビルドしてみましょう。メニューから「Build」→「Build Bundle(s)/APK(s)」→「Build APK(s)」をクリックしてください。

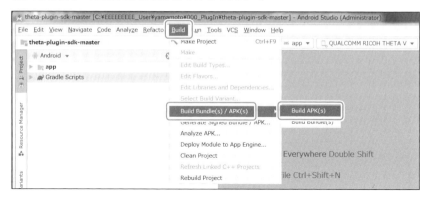

　Android Studioの画面右下に次のメッセージが表示されればビルド成功です。

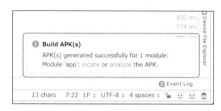

　ビルドが成功すると、拡張子が「apk」のファイルが出来上がります。

　現在はデバッグビルドを行っているので、エクスプローラーなどで確認すると、次の場所に「app-debug.apk」というファイルができています。これがインストール用のパッケージそのものです。

さあ、それでは、ビルドしたアプリケーションをRICOH THETAにインストールして実行し、停止までをさせてみましょう。

次の2通りの手段があるので、お好みの手段で実施してみてください。ちなみに、前者は高頻度にコードを修正しているとき、後者はコードの修正がある程度、落ちついたとき（利用状態に近い使い方でデバッグするとき）に向いています。

- Android Studioからインストールと実行と停止を行う
- apkを手動インストールしたあと、通常手順で実行や停止を行う

▶ Android Studioからインストールと実行と停止を行う

開発者モードにしてあるRICOH THETAがPCとUSBケーブルで接続され、電源がONになっていることを確認してください。

次に、Android Studio画面右上のほうに、音楽の再生や停止をするようなボタンが並んでいると思います。その中で右向きの三角のボタンをクリックしてください。

すると、ビルドしたパッケージのインストールと実行がされて、Android Studioの画面左下に次のようなメッセージが表示されます。

この方法では、シャッターボタン上のLEDが青のまま（本来、プラグイン動作中は白になります）なのでわかりにくいですが、ビルドしたプラグインが動作している状態になっています。次の3つの動作を順に確認してみてください。

- シャッターボタンを押すと撮影動作が行われる。同時にシャッターボタン上のLEDが青から白になる。
- WLANボタンを短押ししても、無線LANのステータスが変化しない。サンプルプログラムではこのボタンに対するコードがないので正常な動作。
- Modeボタンを短押ししても、撮影モードが静止画→動画へ変化しない。これもWLANボタンの動作と同様で正常な動作。ただし、長押ししないように注意が必要。長押しすると、起動中のプラグインが終了してしまう。

一通り動作させ、サンプルプログラムが動作することを確認できたら、赤い四角のボタンをクリックしてください。プラグインが終了します。

03

開発環境のセットアップ

製品動作のプラグイン終了方法ではないため、シャッターボタン上のLEDが白のままですが、プラグインは終了しています。Modeボタンを短押しすると、撮影モードが切り替わると同時に、このLEDも青になります。その他ボタンの動作もプラグインが起動していないときの動作に戻っています。

▶ apkを手動インストールしたあと、通常手順で実行や停止を行う

apkを手動インストールしたあと、通常手順で実行や停止を行う方法では次の4つの手順を踏みます。

1 adbコマンドを利用するためにPATHを通す

2 Android StudioのTerminalからapkを手動インストールする

3 PC用THETA基本アプリを使い、プラグインの起動設定をする

4 Modeボタンを長押しでプラグインの起動/終了を行う

以降で、それぞれについて説明します。

● adbコマンドを利用するためにPATHを通す

「adb」「PATHを通す」という2つの単語で検索をするとたくさん情報がでてきます。WindowsとMacで方法が異なる点にご注意ください。たとえば、他の方のサイトですが、下記などを参考に、adbコマンドが使えるように設定してください。

URL https://akira-watson.com/android/path-environment.html

● Android StudioのTerminalからapkを手動インストールする

開発者モードにしてあるRICOH THETAとPCがUSBケーブルで接続され、電源がONになっていることを確認してください。

次に、Android Studio左下の「Terminal」と書かれているタブをクリックしてください。次の画面が表示されると思います。

この画面は、Windowsでは、コマンドプロンプト(いわゆるDOS窓)そのものです。Android Studioを使わなくてもOKです。

まず、「cd」コマンドを使って、先に説明した「app-debug.apk」ファイルがある場所に移動します。

続いて、Android Studioをインストールしたことで使えるようになっている「adbコマンド」を利用して、上記のapkファイルをRICOH THETAにインストールします。コマンドは次の通りです。

```
adb install -r app-debug.apk
```

もし、Android Studioからインストールと実行と停止を行うの方法でインストールしたことがあるapkの場合には「-t」オプションも加え、「adb install -r -t app-debug.apk」としてください。ビルドし直してすぐであれば、「-t」オプションは不要です。

「cd」コマンドを使わずにフルパスでファイルを指定しても大丈夫です。

次のように、成功を示すメッセージが表示されれば本手順は終了です。

● PC用THETA基本アプリを使い、プラグインの起動設定をする

この手順は、通常のプラグインを起動プラグインとする手順と同じです。PC用THETA基本アプリだけでなく、スマートフォン用THETA基本アプリでも同様のことができますが、ひとまずPC用THETA基本アプリの場合を紹介しておきます。

まず、RICOH THETAをUSBケーブルでPCに接続してください。

続いて、PC用THETA基本アプリを立ち上げ、メニューから「ファイル」→「プラグイン管理」をクリックしてください。

次のダイアログは「OK」ボタンをクリックし、進んでください。

　すると、RICOH THETAの「Modeボタン長押し操作」で起動できるプラグインを設定する画面が出てくるので、「Plugin Application」を選択してください。これがサンプルプログラムの名称です（RICOH THETA Z1の場合、3つまで設定できます。いずれか1つに設定してください）。

設定したら、「OK」ボタンをクリックすると作業終了です。

なお、RICOH THETA Z1では「Plug-in Launcher for Z1」という下記のプラグインを使うと、「Android StudioのTerminalからapkを手動インストールする」「PC用THETA基本アプリを使い、プラグインの起動設定をする」の手順をひとまとめにしてしまうこともできます。

URL https://pluginstore.theta360.com/plugins/
skunkworks.launcher/

● Modeボタン長押しでプラグインの起動/終了を行う

ここからは、RICOH THETA本体のみを操作する手順となります。PCとRICOH THETAは、USBケーブルで繋いであってもなくても、どちらでも問題ありません。

まず、Modeボタンを長押ししてください(RICOH THETA Z1で2つ以上のプラグインを起動できるようにしている場合、この操作の次に、以前の手順で設定した番号を選びシャッターボタンを押す操作もしてください)。シャッターボタン上のLEDが白になるとプラグインが起動しています。

続いて、次の3つの動作を順に確認してみてください。

- シャッターボタンを押すと撮影動作が行われる。
- WLANボタンを短押ししても、無線LANのステータスが変化しない。サンプルプログラムではこのボタンに対するコードがないので正常な動作。
- Modeボタンを短押ししても、撮影モードが静止画→動画へ変化しない。これもWLANボタンの動作と同様で正常な動作。ただし、長押ししないように注意が必要。長押しすると、起動中のプラグインが終了してしまう。

あとはModeボタンを長押しするとシャッターボタン上のLEDが青に戻りプラグインが終了します。

以上で動作確認は終了です。

||| Vysorを使って仮想画面を見る

17ページで少し触れましたが、Vysorを使ってRICOH THETAの仮想画面を見てみましょう。

まず、次のサイトからVysorをダウンロードしインストールします。

URL https://www.vysor.io/

●Vysorのダウンロードサイト

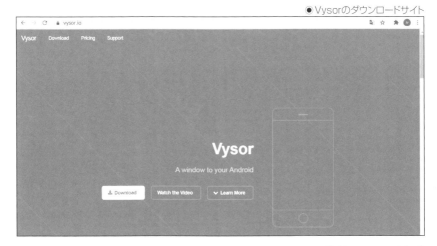

インストールが終わったら、RICOH THETAとPCをUSBケーブルで接続し、Vysorを起動してください。次のような画面が表示されます。

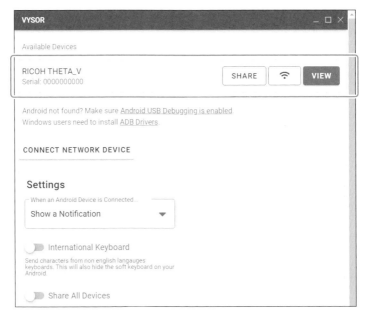

　この画面の上部に、PCと接続されている開発者モードの機材が表示されるので、「View」ボタンをクリックしてください。

　スマートフォンのような画面が表示されます。これがRICOH THETAの仮想画面です。

　あとの操作はスマートフォンと同じです。上図の「＾」のところをクリックすると、利用可能なアプリケーションの一覧が表示されます。

　先ほどインストールした「Plugin Application」のアイコンをクリックすれば、プラグインを起動させることもできますし、その後、Homeボタンをクリックすればプラグインが終了します。RICOH THETA本体のModeボタン操作によるプラグインの起動終了にも画面が追従します。

　歯車アイコンの「Settings」は、今後もアプリケーションにパーミッション（RICOH THETA内部のハードウェアリソース利用許可）を与えるときによく登場します。

　その他の小技などはQiita記事を追いかけてみてください。説明の必要が生じた記事には随時登場しています。特にVysorの初歩的な使い方に特化した記事は下記のURLとなります。

URL https://qiita.com/KA-2/items/9dce1a165fcf0203b1cb

Vysorを使ってRICOH THETAを出荷状態に戻す記事は下記のURLとなります。

URL https://qiita.com/mShiiina/items/f9317296296ec01421a6

　RICOH THETAを出荷状態に戻した場合は開発者モードも解除されますが、PC用THETA基本アプリを使ってすぐに開発者モードに戻せるのでご安心ください。

III デバッグの基礎（logcatを使う）

ここで伝えるデバッグの基礎は、いわゆる「プリント文」に相当します。これができれば、誰かが書いたコードにプリント文をばら撒いて、どのような順番で動作しているか流れを追ったり、何がしかの計算の途中結果が正しそうかなどをのぞき見したりできます。

デバッグの基礎を伝えるついでに、1行くらいサンプルにコードを書き足してみましょう。

「Android Studioで MainActivity.java」のコードを開いて、次の図と同じ箇所（52行目の下）に同じコード（「Log.d("TEST", "Shutter button was pressed.");」）を1行追加してみてください。

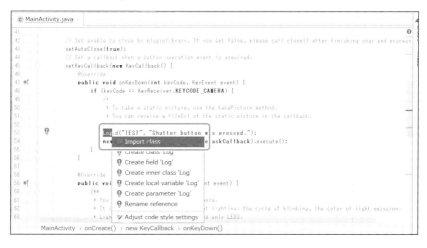

シャッターボタンが押されたときに、Logというクラスのdというメソッドが呼ばれ、所望の文字列「Shutter button was pressed.」をログに出力するためのコードを記述しています。その前の引数の文字列"TEST"は、ログを分類するための文字列です。

このとき、「Logというクラスの定義がImportされていないよ?」というポップアップメッセージが表示されていますが、「Log」という文字を選択した状態で、Windowsの場合「Alt + Enter」、Macの場合「Option + Return」キーを押してください。

すると、この問題にどう対処するか候補が出てくるので「Import Class」をクリックすると解決します。こんなサポートがAndroid Studioの良いところです。もちろん、手動でImportのコードを書いてもよいです。こういった作業は各自のお好みにお任せします。

あとは、ビルド→インストール→動作確認の作業をするわけですが、シャッターボタンを押す前に、Android Studio下部の「logcat」というタブを表示しておいてください。

この状態でシャッターボタンを押すと、その度に、下部の画面に「Shutter button was pressed.」が表示されます。

検索窓に「TEST」という文字列を入力するとその他の余計なログは表示されなくなります。工夫してご利用ください。

なお、RICOH THETA Z1をお使いの場合、2020年6月17日にリリースしたファームウェアバージョン1.50.1から、初期状態ではログが出力されない状態になっています。

デバッグ作業を行う前に、Terminalから次の「adb」コマンドを打って、ログ出力を有効にしてから利用してください。

```
adb shell setprop persist.log.tag 0
```

一度、作業を行ったあとは、次のログ出力停止のコマンドを打つか、工場出荷状態に戻すまで設定は維持されます。

```
adb shell setprop persist.log.tag A
```

こういった情報は、開発者登録をしておくとメールマガジンで迅速に通知が届くようになっています。メールマガジンは日本語で受け取る設定もできたりします。お役立てください。

███ ウォーミングアップ（RICOH THETA V=Lチカ / RICOH THETA Z1=OLED表示）

ログ出力よりもRICOH THETA固有の事項でウォーミングアップをしてみましょう。ウォーミングアップ不要の方は読み飛ばしていただいて問題ありません。なお、ご自身で手を加えながら（書き換えながら）THETAの振る舞いを知り、コードを書く行為にも慣れていただきたいため、ウォーミングアップのサンプルについては提供いたしませんので、ご了承ください。

ここでは、49ページにて、対応する処理が記述されていなかったWLANボタンを使います。WLANボタンを押すたびに表示系デバイスへの出力状態と出力停止状態をトグルさせるようなプログラムを作ります。

RICOH THETA VとRICOH THETA Z1では表示デバイスが異なりますが、1つのプログラムでどちらの機種にも対応できるコードを書きます。

Android Studioで「MainActivity.java」を開いてください。49ページで記述したログ出力のコードは残しておいても消してしまってもどちらでも問題ありません。

まず、表示系デバイスに対して「出力状態」と「出力停止状態」を管理する必要があります。この状態を保持するためにboolean型の内部変数「toggle」を定義します。

```
public class MainActivity extends PluginActivity {

    ～省略～

    private boolean toggle = false;  // ←追加した行です。

    @Override
    protected void onCreate(Bundle savedInstanceState) {
```

「MainActivity」の中で記述する階層が合っていれば記述位置はどこでもよいのですが、この変数を使用するところに近い「onCreate」メソッド定義の上に書いています。

続いて、ボタンが押されたときのキーイベントを拾う「onKeyDown」メソッドに次のコードを追加してみましょう。「Map」「HashMap」のところで、前述のimportの操作（Windowsの場合「Alt + Enter」、Macの場合「Option + Return」）が必要になるので少し注意してください。

```
@Override
public void onKeyDown(int keyCode, KeyEvent event) {

    ～省略～

    if (keyCode == KeyReceiver.KEYCODE_WLAN_ON_OFF) {
        if (toggle) {
            toggle = false;
            // for THETA V
            notificationLedHide(LedTarget.LED3);
            // for THETA Z1
            notificationOledHide();
        } else {
```

03
開発環境のセットアップ

```
        toggle = true;
        // for THETA V
        notificationLedBlink(LedTarget.LED3, LedColor.WHITE, 1000);
        // for THETA Z1
        Map<TextArea, String> output = new HashMap<>() ;
        output.put(TextArea.MIDDLE, "Hello World !");
        output.put(TextArea.BOTTOM, "This is output by the sample plugin.");
        notificationOledTextShow(output);
    }
  }
}
```

　最後に、既存のサンプルプログラムがLEDを制御している箇所をコメントアウトしましょう。「notificationLedBlink(LedTarget.LED3, LedColor.BLUE, 1000);」と書かれていた行の先頭に「//」を書けば、行をコメントアウトできます。

```
@Override
public void onKeyUp(int keyCode, KeyEvent event) {
    /**
     * You can control the LED of the camera.
     * It is possible to change the way of lighting, the cycle of blinking, the color of
light emission.
     * Light emitting color can be changed only LED3.
     */
    // notificationLedBlink(LedTarget.LED3, LedColor.BLUE, 1000);  //←この行をコメントアウト
}
```

　コード追加が終わったら、ビルドして動作させてみましょう。次のような動作になったと思います。

●RICOH THETA Vの場合

操作の段階	WLANマークのLEDの状態
プラグイン起動直後	プラグイン起動前の状態が維持されている。無線LANをOFFとしていた場合は消灯、無線LANをONとしていた場合は青色に点滅する
WLANボタンを押す（1回目）	WLANマークのLEDが白色になり、1秒周期で点滅する
WLANボタンを押す（2回目）	WLANマークのLEDが消灯する
WLANボタンを押す（3回目以降）	押すたびに1回目、2回目の状態が交互に切り替わる

●ROCOH THETA Z1の場合

操作の段階	OLEDの状態
プラグイン起動直後	「PLUGIN APPLICATION」というプラグインの名称が大文字で表示される
WLANボタンを押す（1回目）	ステータス表示の下段に「HELLO WORLD !」の文字列が表示され、さらに下段には「THIS IS OUTPUT BY THE SAMPLE PLUGIN.」の文字列がスクロール表示される。アルファベットはすべて大文字に変換される
WLANボタンを押す（2回目）	ステータス表示以外の文字列が消える
WLANボタンを押す（3回目以降）	押すたびに1回目、2回目の状態が交互に切り替わる

プログラムの細かな説明をする前に、大きな点で2つ気になったことがあると思います。

1つは、2機種のコードが併記されている点です。これは「存在しない内部デバイスに対する命令は無視される」というTHETAプラグインの特徴を利用することで、機種共用のアプリケーションを簡単に実現しています。RICOH THETA APIを利用することでTHETAプラグインが動作している機種を知り、処理を分岐させることも可能ですが、この事例ではそこまで仰々しいことが必要ないので簡略化しています（THETAプラグイン、ちょっと楽でしょ?）。

もう1つは「notification」という文字列で始まるメソッドの存在です。THETAプラグインは、RICOH THETA APIでは操れない事項（LED/OLEDへの出力、スピーカーにプリセットされている電子音=シャッター音などを流す、無線LANのモードを切り替える、カメラをプラグインでダイレクトに操作する権限をもらう、など）を、Androidのアプリケーション間通信手段の1つであるBroadcast Intentという仕組みを利用して、製品動作を司るシステムレベルの特別なアプリケーション（撮影アプリと呼んでいます。内部的にはcom.theta360.receptorという名称になっています）に依頼することで操ります。ボタン操作は、このアプリケーションからのEventとしてプラグインが受け取ります（この点はソースコードを見るだけでもわかりますよね）。

03

開発環境のセットアップ

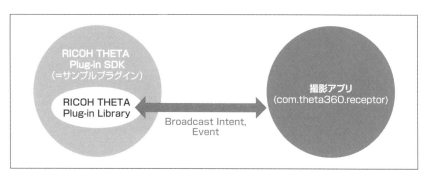

これらの事項は次のドキュメントにまとめられています。

URL https://api.ricoh/docs/theta-plugin-reference/
broadcast-intent/

ご自身でBroadcast Intentのコードを書くことでも操れるのですが、より扱いやすく処理をまとめたものが「notification」という文字列で始まるメソッドです。

このメソッドは、前述のRICOH THETA Plug-in SDKがimportしている（読み込んでいる）RICOH THETA Plug-in Libraryにて定義されているメソッドです。あわせて定数なども定義されています。このライブラリはGitHubの次のリポジトリにあり、ソースコードも合わせて公開しています。

URL https://github.com/ricohapi/theta-plugin-library

時間があるときにながめてみるとよいでしょう（ちゃんと噛み砕いて栄養にしてくださいね）。もしも、新機種が登場したり新機能が有効になったりしたとき、ドキュメントに新しい情報が公開されていれば、ライブラリの準備が遅れていても、ご自身の力で比較的簡単にそれらを利用することができます。

Broadcast Intentのドキュメントに記載がない事項、たとえば、無線LAN、BLE/Bluetooth Classic、9軸センサー（加速度3軸、角速度3軸、地磁気3軸）、USB、スピーカーに所望の音楽ファイルを再生するなどの使い方は、基本的に一般的なAndroidアプリケーションと同じです。AndroidのAPIを利用します。Googleのドキュメントやスマートフォン用アプリケーション作成事例（Web記事など）が参考になります。

それではウォーミングアップの細かな説明をしていきます。

▶ RICOH THETA本体ボタンとキーコード

前述のBroadcast Intentのドキュメントを読み解き、RICOH THETA Plug-in Library
のコードと突き合わせると、RICOH THETA本体の各ボタンは次のように定義されています。

ボタン名称	キーコード（数値）	RICOH THETA Plug-in Libraryの定数定義
シャッターボタン	27	KeyReceiver.KEYCODE_CAMERA
WLANボタン	284	KeyReceiver.KEYCODE_WLAN_ON_OFF
Modeボタン	130	KeyReceiver.KEYCODE_MEDIA_RECORD
Fnボタン（Z1のみ）	119	KeyReceiver.KEYCODE_FUNCTION

ウォーミングアップの次の部分のコードの条件を変更すると、反応するボタンを切り替えるこ
とができます。いろいろと試してみてください。

```
if (keyCode == KeyReceiver.KEYCODE_WLAN_ON_OFF) {
```

▶ RICOH THETA VのLED制御

前述のBroadcast Intentのドキュメントを読み解くと、RICOH THETA VのLEDはLED3
からLED8までが点灯/消灯を操れ、LED3だけは色も操れると記載されています。すでに色を
指定して点滅させているLED3がWLANマークであることはお気づきと思います。ほかのLED
を点灯/消灯させることで、どのLEDがどの位置あり、どのように光るのかを調べてみましょう。
LED3を点滅させている次の部分のコードを確認します。

```
// for THETA V
notificationLedBlink(LedTarget.LED3, LedColor.WHITE, 1000);
```

そこを次のように書き換えてみてください。

```
// for THETA V
// notificationLedBlink(LedTarget.LED3, LedColor.WHITE, 1000);
notificationLed3Show(LedColor.BLUE);
notificationLedShow(LedTarget.LED4);
notificationLedShow(LedTarget.LED5);
notificationLedShow(LedTarget.LED6);
notificationLedShow(LedTarget.LED7);
notificationLedShow(LedTarget.LED8);
```

さらにLED3を消灯させている次の箇所を確認します。

```
// for THETA V
notificationLedHide(LedTarget.LED3);
```

そこに次のようにコードを追加してみてください。

```
// for THETA V
notificationLedHide(LedTarget.LED3);
notificationLedHide(LedTarget.LED4);
notificationLedHide(LedTarget.LED5);
notificationLedHide(LedTarget.LED6);
notificationLedHide(LedTarget.LED7);
notificationLedHide(LedTarget.LED8);
```

あとはどこかを1行コメントアウトしては実行するということを順に繰り返すと、どの名前がどのLEDなのかわかると思います。答えは次の通りです。

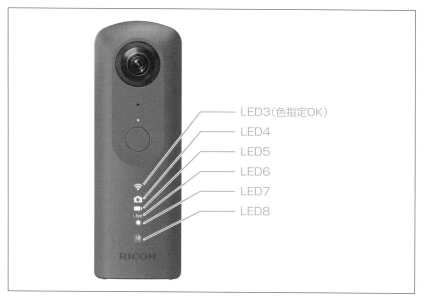

新しく出てきた2のメソッド「notificationLed3Show」「notificationLedShow」もRICOH THETA Plug-in Libraryに定義されています。ライブラリ側のコードも簡単なので、ファイルを探して読んでみてください。こういったことを繰り返していくうちに、ソースコードの構成やコードの意味を理解できるようになり、ドキュメントの内容も頭に入ってきます。

次ページはRICOH THETA Z1 のOLEDに関する説明ですが、Android Studioの便利な使い方やRICOH THETA Plug-in Libraryの読み解き方に関するヒントが含まれています。RICOH THETA Vしかお持ちでない方も、参照していただくことをおすすめします。

▶ RICOH THETA Z1のOLED制御

前述のBroadcast Intentのドキュメントを読み解くと、RICOH THETA Z1のOLEDは「文字列の表示ができる」「画像の表示ができる」とあります。

文字列の表示はすでに試したわけですが、ちょっとだけ追加があります。

「TextArea.MIDDLE」と「TextArea.BOTTOM」があるということは、もう1つ何かありそうですね。次のように1行、エディタで編集してみてください。

「TextArea.」まで入力すると、Android Studioの入力支援機能が働いて続く文字列の候補が現れます。「TOP」も定義されていることがわかります(notificationではじまるメソッドを探すときにも、ほかの定数定義を探すときにも便利です)。

すべて入力してビルド→実行すると、OLEDのステータス表示エリアにも文字列を表示することができるとわかると思います。

ステータス表示エリアにはバッテリー残量やWLANやBluetoothの状態、プラグインの動作状態など大切な情報がアイコンで表示されています。このため、RICOH THETA Z1発売当初はプラグインから使用できないようにしていたのですが、OLED全面を使い切りたいという要望を受けて、ファームウェアアップデートによって拡張しました。本体のファームウェアアップデートは大切ですので適宜、行ってくださいね。

続いて画像データの表示です。Bitmap型のデータをOLEDに表示することができます。RICOH THETA Plug-in Libraryに用意されているメソッドは次の2種類です。

```
notificationOledImageShow(Bitmap型);
notificationOledImageBlink(Bitmap型, 点滅周期[msec]);
```

　OLEDは白黒表示の二値ですが、画像データはカラーデータでも問題ありません。撮影タスク側で二値化して表示します。ただし、画像データのサイズは横128pixel×縦24pixelにしてください。サイズが異なる場合には何も起こりません。

　画像ファイルをプロジェクトに取り込んで表示させることもできるのですが、それは60～61ページに示す補足情報に譲り、空のBitmap型に白黒のデータを詰め込んで表示させる方法でウォーミングアップしてみましょう。

　ウォーミングアップで次のように記載していたコードを確認します。

```
// for THETA Z1
Map<TextArea, String> output = new HashMap<>() ;
output.put(TextArea.MIDDLE, "Hello World !");
output.put(TextArea.BOTTOM, "This is output by the sample plugin.");
notificationOledTextShow(output);
```

　そこを次のように変更してみてください。

```
// for THETA Z1
int black = 0xFF000000;
int white = 0xFFFFFFFF;
int oledWidth = 128;
int oledHeight = 24;
Bitmap bmp = Bitmap.createBitmap(oledWidth, oledHeight, Bitmap.Config.ARGB_8888 );
for (int height=0; height<oledHeight; height++) {
    for (int width=0; width<oledWidth; width++) {
        // if (width%2==0) { // 縦縞
        if (height%2==0) {  // 横縞
            bmp.setPixel(width, height, white);
        } else {
            bmp.setPixel(width, height, black);
        }
    }
}
notificationOledImageShow(bmp);
// notificationOledImageBlink(bmp,1000);
```

　次の行が、空っぽのBitmap型の入れ物を定義しているところです。横と縦のサイズはそれぞれoledWidth、oledHeightとして定義しています。

```
Bitmap bmp = Bitmap.createBitmap(oledWidth, oledHeight, Bitmap.Config.ARGB_8888 );
```

　今回は、Bitmap型の中でも「ARGB8888」という形式で1画素を表現します。Aが透過率、RGBはそれぞれ赤緑青を指しており、各要素が8bitであるので8888と表記しています。透過率を最も透過しない0xFFに固定し、黒と白を16進数で表現している箇所が下記です。

```
int black = 0xFF000000;
int white = 0xFFFFFFFF;
```

　あとは二重ループで順に白か黒を詰め込んでいくのですが、その条件を2通り示しています。

```
// if (width%2==0) { // 縦縞
if (height%2==0) {  // 横縞
```

　コメントアウトされている行のときには、横位置が偶数か奇数かで白黒を切り替えるので縦縞になります。コメントアウトされていない側は縦位置が偶数か奇数かで白黒を切り替えるので横縞になります。それぞれ試してみてください。

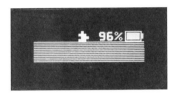 

　次の箇所は、常時点灯か点滅かの切り替えです。こちらも試してみてください。点滅のときの時間はBroadcast Intentのドキュメントにも記されていますが、250msec～2000msecの範囲で指定できます。範囲外の値を指定しないようご注意ください。

```
notificationOledImageShow(bmp);
// notificationOledImageBlink(bmp,1000);
```

　そして、文字列表示がOLED上部まで使いきれたので画像データも上部まで表示できそうですね。次のようにoledHeightの数値を36に変えてみてください。

```
int oledHeight = 36;
```

03

開発環境のセットアップ

この通り、画像データの全面表示も可能になっています。

さて、ここまでOLEDに表示をしてみて、OLEDに関してちょっとした不満を感じる方もいらっしゃるかもしれません。おそらく次のような事項だと思います。

- 文字がすべて大文字になってしまう（英小文字も使いたい）
- 文字が等幅フォントではないので、画面を作りにくい　（数値を動的に表示しても、そのときどきで表示位置が左右に揺れてしまう）
- 文字を表示する行数を増やしたい
- 任意の位置に文字を表示したい
- 画像と文字を混在させたい
- 点、線、円、四角といった基本的な図形表示させたい

ウォーミングアップとして示した通り、プログラムから1画素単位でOLEDを操れているわけですから、上記程度のことは自由にできそうです。ご自身で作られてもよいわけですが、すでに用意してQiita記事にまとめてあります。補足として参照していただけると幸いです。

URL https://qiita.com/KA-2/items/b16fd6adc6db7db0fb8e

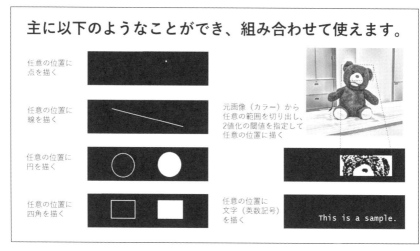

　この記事で作成済みのファイルを1つ取り込むだけで、さまざまな表示が行えるようになります。使い方の事例として、図形が動的に動いたり、大きな画像の表示位置を動かしたり、小さな画面にピンポンゲームを実装したり、QRコードの表示なども行っています。動画で見ていただきたいので、YouTubeへのリンクも掲載しておきます。

　URL　https://youtu.be/7eYaUrlwmGk　

　こんな風に、私たちがQiitaにまとめた記事も利用しながら、THETAプラグインをより使いこなせるようになっていってください。

▶ ウォーミングアップまとめ

　示されたサンプルコードを受動的に動かすだけでなく、THETAプラグイン関連のドキュメントの見方、ドキュメントとRICOH THETA Plug-in Libraryの関係、それらの理解を進めるためのAndroid Studio便利機能の使い方をなんとなく掴んでいただけたかと思います。何かわからないことがあったら、自分の力でなにかを調べることができるようになるヒントをちりばめたつもりです。

　LED/OLED関連で本書では説明していない「notification」系のメソッドもいくつかありますが、すでにご自身の力だけでそれらを試してみる力がついていると思います。ぜひ、それらの動作確認もしてみてください。そして、この先の事例へと進んでみてください。

Arduino IDEのセットアップ

本書の事例ではRICOH THETAと車体制御をしているマイコンの中継役にArduino互換のマイコンボードであるPro Micro（事例1、事例2）とM5StickC（事例3）を利用します。そのため、Arduinoの開発環境のセットアップが必要です。

なお、この節では、「Arduino IDE」のセットアップに関して、本書で必要な最低限の事項をまとめてあります。最新の情報や追加情報の取得はご自身の力で行ってください。検索するために必要なキーワードは十分に盛り込まれています。

▎▎▎ Arduinoについて

Arduinoに関する大雑把な概要から順に説明します。

Arduinoは、主にAtmel AVRのマイコン利用したコンピューターボード「Arduinoボード」（現在ではARM Cortex系やIntel Quarkを利用したものもあります）と、その開発環境「Arduino IDE」から構成されるシステムです。電子工作をしている方でご存じない方はいないレベルではないでしょうか。簡単にマイコンを取り扱えるようになるハードウェアとソフトウェアのセットです。

現在では非営利団体Arduino Foundationにより「Arduino IDE」の管理や開発コミュニティが運営され、営利団体Arduino HoldingによりArduino関連品の管理が行われています。

オープンハードウェアであったこともあり、公式のコンピューターボードの他、「Arduino互換」と呼ばれるコンピューターボードも発展しました。これらの互換ボードは「Arduino IDE」を使ってプログラミングやデバッグが行え、現在では「Arduino IDE」が互換ボードを手厚くサポートする（「Arduino IDE」のメニューから互換ボードの設定ができ、ライブラリの取り込みも容易になってきている）動きもみられています。

▎▎▎ インストール

最新版は次のURLからたどっていきます。

URL https://www.arduino.cc/

画面上部のメニューから「SOFTWARE」→「DOWNLOADS」をたどりクリックしてください。

　インストールするプラットフォームにあわせたインストーラ（Windows 10ではアプリストアへのリンクで、MacやLinuxではインストールするファイル一式のアーカイブです）へのリンクがある、次のページが開きます。執筆時点の最新バージョンは1.8.13です。ご自身のパソコンにあったリンクをクリックしてください（https://www.arduino.cc/en/Main/Softwareへの直リンクを紹介しているWebサイトなどもありますが、本書では、念のためTOPページから記載しました）。

クリックするとダウンロードが開始される前に、非営利団体への補助を促す次のページが開きます。

補助をしてからダウンロードする方は「CONTRIBUTE & DOWNLOAD」を、現在は補助をせず、すぐにダウンロードしたい方は「JUST DOWNLOAD」をクリックしてファイルをダウンロードしてください。ご利用中のパソコンやネットワーク環境にもよりますが、ファイル一式のアーカイブを選択した場合でも数分でダウンロードが終わると思います。

ダウンロードが終わったらインストールを行います。インストーラの場合には起動して指示に従ってください。Windows 10アプリストアの場合には、ストアからインストールをします。ファイル一式のアーカイブをダウンロードした場合、アーカイブされているファイルを展開し、インストール作業を行ってください（アーカイブの場合、Windows/Macは展開するだけ、Linuxはinstall.shを実行するだけで利用可能になるようです）。

各プラットフォームのインストールに関する細かな点は、下記のGuideページを参照してください。

URL https://www.arduino.cc/en/Guide

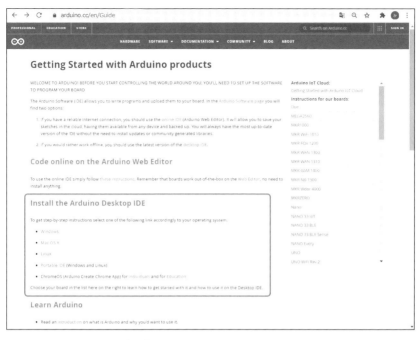

ここまででインストール作業は終了です。

||| 環境設定(ボードマネージャ、ライブラリマネージャの設定)

Pro Microは、公式ボードに近しく作られているため、Arduino IDEをインストールするだけでビルドやデバッグなどが行えます。M5StickCは独自のハードウェア構成が多いので、Arduino IDEにいくらかの環境設定が必要です。その手順を記載しておきます。

Arduinoを立ち上げ、メニューから「ファイル」→「環境設定」をクリックします。

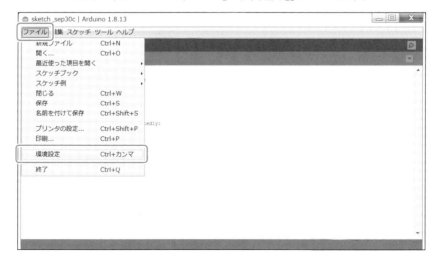

　次のように「環境設定」という画面が開くので、「追加のボードマネージャのURL」の入力欄の右側にあるアイコンをクリックしてください。

　すると、「追加のボードマネージャのURL」という入力ボックスが開くので「https://raw.githubusercontent.com/espressif/arduino-esp32/gh-pages/package_esp32_index.json」を入力してください。

　あとは順次「OK」ボタンを押して開いている画面を閉じ、最初の画面に戻ります。

　続いて、先ほど入力したURLからボード設定を取り込む作業を行います。メニューから「ツール」→「ボード:＊＊＊」→「ボードマネージャ」をクリックします。

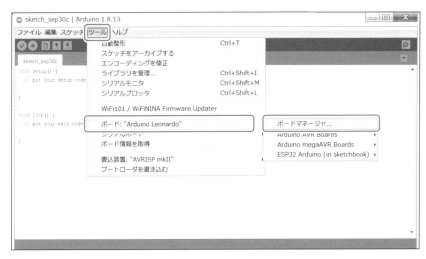

「ボードマネージャ」という画面が開き、候補がたくさんでてきますが、上部の入力欄に「esp32」と入力して、候補を絞ってください。

そして、esp32の「インストール」ボタンをクリックするとesp32系列の非公式ボードの設定のインストールが開始されます。完了するまでしばらくお待ちください。

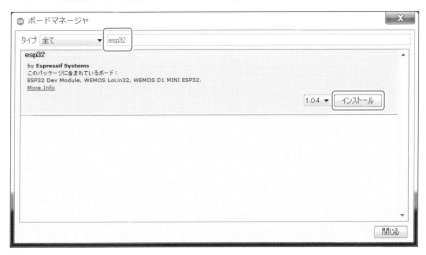

インストールが終わると、次のような表示に変わるので、「閉じる」ボタンをクリックして画面を閉じ、もとの画面に戻ってください。

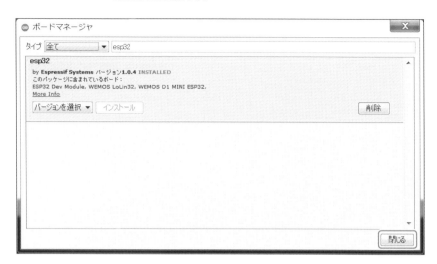

　続いてM5StickCのライブラリを取り込みます。メニューから「スケッチ」→「ライブラリをインクルード」→「ライブラリを管理」をクリックします。

「ライブラリマネージャ」という画面が開き、候補がたくさんでてきますが、上部の入力欄に「M5StickC」と入力して、候補を絞ってください。

そして、「M5StickC」のインストールボタンをクリックすると、ライブラリのインストールが開始されます。完了するまでしばらくお待ちください。

インストールが終わると、次のような表示に変わるので、「閉じる」ボタンをクリックして画面を閉じ、もとの画面に戻ってください。

以上で環境設定は終了です。

Ⅲ 動作確認

本章でPro MicroとM5StickCの動作確認を行います。Android Studioと比べると簡単なので、デバッグの基礎やウォーミングアップも兼ねて説明します。そして2種類のボードの動作確認方法はとても似ているので併記しています。

最初の画面のメニューから、これから作業したいボードにあわせたボードを選択してください。Pro Microの場合、「ツール」→「ボード：＊＊＊」→「Arduino AVR Boards」→「Arduino Leonardo」です。M5StickCの場合、「ツール」→「ボード：＊＊＊」→「ESP32 Arduino」→「M5StickC」です。

●Pro Microの場合

●M5StickCの場合

　続いて、ソースコードのファイル名を決定してしまいます。メニューから「ファイル」→「名前を付けて保存」をクリックし、ダイアログを表示したら、お好みの場所にお好みの名前で保存してください。本書では「sample」としました。

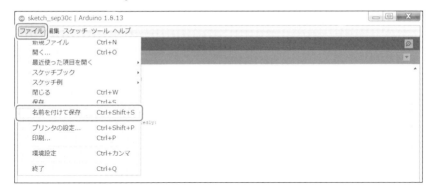

　余談となりますが、このとき指定した場所には、指定した名称でフォルダが作成され、その中に「指定した名称.ino」というファイルが出来上がります。拡張子が「ino」のファイルがソースコードです。外部から取得したソースコードをビルドするときには、ファイル名と同名のフォルダの中に入れてからArduino IDEで開いてください。これはArduino IDEの作法になっています。

　続いて、ソースコードを編集してみましょう。すでに「setup」という関数と「loop」という関数のひな形があると思います。これもArduinoの約束事です。必ずこの2つの関数が必要になるのでひな形として表示されています。

　上記のひな形をベースに、「シリアル通信で、ボード側から対向機器（今はパソコン）に、「Hello World！」という文字列を1秒間隔で送りつけるプログラム」を書くと次のようになります。

●Pro Microのサンプルコード

```
sample | Arduino 1.8.13

ファイル 編集 スケッチ ツール ヘルプ

sample
void setup() {
  Serial.begin(115200);     // SERIAL
}

void loop() {
  Serial.print("Hello World !\n");
  delay(1000);
}




保存しました。
```

●M5StickCのサンプルコード

　独自のハードウェア構成が多いM5StickC側は、インクルードとセットアップルーチンの呼び出しが必要ですが、数行程度しかコードが増えていません。簡単ですね。

　続いて、ビルドと実行ファイルの書き込み、および、動作確認を行います。

　まず、パソコンとボードの通信設定が正しいかを確認してください。メニューから「ツール」→「シリアルポート」と順にたどり、接続しているボードに合ったポートを設定してください。Windowsは「COM＊＊」の形式、MacやLinuxは「/dev/tty＊＊」のような形式になります。

　Windows環境では、それぞれ次のようになります。番号は各自で異なるので気にしないでください。

●Pro Microの場合

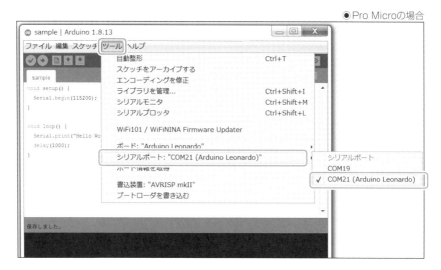

●M5StickCの場合

ビルドと実行ファイルの書き込みは、画面左上の矢印マークボタンをクリックするだけで一括して行えます。ボタンをクリックしてみてください。

ビルドと書き込みが完了するまでの間、画面は次のようになります。しばしお待ちください。

オレンジ色になる

プログレスバー

メッセージがあれば
表示される

ビルドと書き込みが終わったら、メニューから「ツール」→「シリアルモニタ」をクリックしてください。

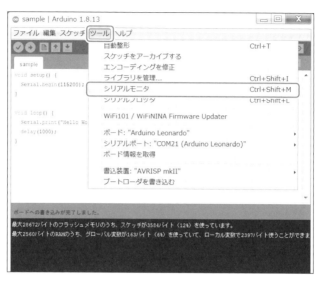

次のような画面が開き1秒間隔で「Hello World !」の文字が表示されたら成功です。

このように、デバッグ文をコード中に散りばめて動作確認をすることが多くなると思います。あまり入れすぎると処理が遅くなるので、必要なとき以外はコメントアウトしておいた方がよいです。そして、本書の事例1、事例2では、この通信のパソコン側をRICOH THETAに置き換えることで動作します。この画面上部からマイコン側に文字列を送ることもできるのですが、それを利用すると、パソコンから手動で車体を制御することも可能になります。事例のマイコン側プログラムの振る舞いだけを確認したり、カスタマイズしたりするときに役立ててください。

CHAPTER 04

映像を見ながら操れる
ラジコン〜事例1

全体説明

　この事例では、RICOH THETAとM5 BALAといくつかの部材を組み合わせ、ライブプレビューを見ながら機体を動かすことができるラジコンを作ります。ついでに静止画撮影も行えてしまいます。全体像は次のような感じです。

● 事例1の車体と操作部材の全体像

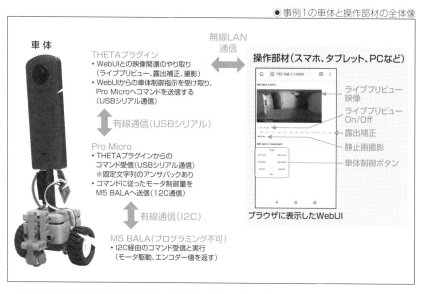

　WebUIの車体制御ボタンに対応する動作は次のようになります。

● WebUIの操作画面と移動の仕方

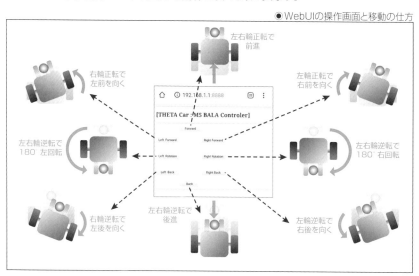

動いている様子は下記のURLから動画を参照してください。

URL https://github.com/theta-skunkworks/
theta-plugin-m5bara-fpv-remote

どちらかというと事例2の事前準備です。すべての部材の通信を通しで確認できます。Pro Microは通信変換的な役割をします。「M5 BALAは、プログラム書き換え不可のマイコンを利用しており、I2C以外の通信ができない」「RICOH THETAは、USBシリアル以外の有線通信ができない」という事情を吸収してもらいました。

04

映像を見ながら操れるラジコン〜事例1

ハードウェアの組み立て

組み立ての全体像は次の通りです。

●ハードウェア構成

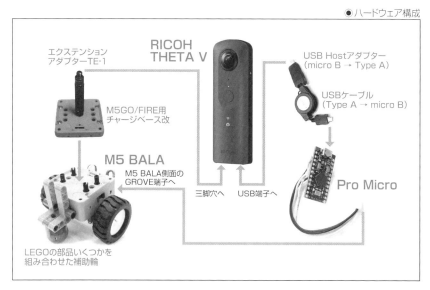

エクステンション
アダプターTE-1

RICOH
THETA V

USB Hostアダプター
(micro B → Type A)

USBケーブル
(Type A → micro B)

M5GO/FIRE用
チャージベース改

M5 BALA

M5 BALA側面の
GROVE端子へ

Pro Micro

三脚穴へ　　USB端子へ

LEGOの部品いくつかを
組み合わせた補助輪

以降に4箇所の細かな組み立てについて説明します。

▌ Pro MicroとGROVEコネクタ付ケーブルの結線

RICOH THETAとM5 BALAの中継役であるマイコンPro Microにコネクタ付きのケーブルを半田付けします。唯一の半田付け加工です。

結線は次の通りです。

Pro Micro シルク印刷のマーク	ケーブルの色	GROVEコネクタ I2C通信の割り当て
GND	黒	GND
VCC	赤	VCC
2	白	SDA
3	黄	SCL

||| RICOH THETA固定具

「M5GO/FIRE用チャージベース」を分解し、中の基盤を取り出したら、上蓋中央に1/4イ
ンチねじが通る程度の穴あけをします。基盤は使いません。ハンドドリルでやや小さめに穴あ
け、丸型の棒やすりで穴を広げるのがよいでしょう。

その後、「M5GO/FIRE用チャージベース」の上蓋に「RICOH TE-1」を「1/4インチねじ」
で固定し、底蓋も固定すれば作業完了です。RICOH TE-1にRICOH THETAを取り付け
た状態で固定する向きを決めるのがコツです。

||| 補助輪

補助輪は、「レゴテクニックパーツ テクニック ステアリングボールジョイント」を「M5 BALA」
にうまく固定できれば、本書に従う必要はありません。筆者は、M5Cameraに付属していた部
品を流用した都合で次ページのようにしています。

　M5Stack社の公式Twitterでは、もっときれいに固定しているので、参考にするとよいで
しょう。

URL　https://twitter.com/M5Stack/status/
　　　　　10786273706286612096?s=20

▌後転倒防止部材

　Qiitaに掲載したライントレーサーの記事では、針金ハンガーをニッパーでカットしてラジオペ
ンチで曲げたものを使っていました。現在では、もう少し簡単に転倒防止部材が作れたので
アップデートしています。写真を見ていただくとわかるとおり、「L字型LEGOパーツ」を「テクニッ
クピン2780」2本で固定しているだけです。

ソフトウェアの技術要素

事例1で利用しているソフトウェアの技術要素を説明します。

▌▌▌ USB Hostを利用したシリアル通信

シリアル通信(UART)は、電子工作を行う方々によく知られた非同期双方向通信です。高度な汎用コンピュータでも、USB通信のCDCクラスとUSB-シリアル通信変換IC(FTDI(Future Technology Devices International)社、Prolific社、Silicon labs社のものが有名)を使うことで通信することができます。

今回利用するマイコンボード「Pro Micro」はUSB-シリアル通信変換ICの機能も持つAtmel社のATMega 32U4というマイコンを搭載しています。部材が減らせて廉価でもあるため採用しました(70ページで説明した通り、簡単にパソコンと通信できてしまったでしょう?)。

そして、RICOH THETAもUSB Host機能を有しており、THETAプラグイン作成時に、オープンソースのusb serial for androidを利用することで、この通信を簡単に利用することができます。ただし、利用する初期段階で、Androidがユーザーに対してダイアログ操作を求める(Androidのお約束事がある)都合から、THETAを開発者モードにしてVysorを利用する必要が生じます。RICOH THETA Plug-in STOREに配布できるTHETAプラグインにはできません。開発者モード必須であることはご注意ください(余談ですが、このAndroid都合を別通信で解消したのが事例3になります。お楽しみに)。

本項ではこのライブラリの利用方法を説明します。

本書の事例としてGitHubに公開しているプロジェクトファイル一式に対しては作業不要(すでに環境設定済み)なのですが、別の目的でUSB Host機能を持つAndroid機器からUSBシリアル通信を利用したい場合に備え、このライブラリをプロジェクトに取り込む方法を説明しておきます(RICOH THETA Plug-in SDK、一般スマートフォン用Androidアプリのプロジェクトどちらに対しても有効な知識です)。

今回利用するライブラリは、ソースコードやサンプルコードとともにGitHubに公開されています。

URL https://github.com/mik3y/usb-serial-for-android

こちら、ソースコードが公開されているので詳しくライブラリの中身まで調べたい人には有効な情報なのですが、利用するにあたり、次のように少々手間が多いです。

- 拡張子がaarのライブラリファイル(以降aarファイル)をビルドする(Android Studioでライブラリだけをビルドすることができない都合から、サンプルプログラムもともにビルドするという「ややこしさ」がある)
- aarファイルをプロジェクトに取り込む設定をする

欲しいのはビルド済みライブラリです。

世の中には同じようなことを考える先人がいらっしゃるものでして、上記リポジトリをベースに、ビルド済みaarファイルをGitHubに公開している方がいらっしゃいました。今回はビルド済みライブラリを使う方法を解説します。

ビルド済みライブラリと使い方に関する情報は、GitHubの次のリポジトリに公開されています。

URL https://github.com/kai-morich/usb-serial-for-android

ほぼ、同じ内容ではありますが、日本語で掲載しておきます。

まず、Android Studioでライブラリを取り込みたいプロジェクトを開いたら、「build.gradle（Module:app）」の「allprojects」ブロックと「dependencies」ブロックに次の内容を書き込みます。

```
allprojects {
    repositories {
        maven { url 'https://jitpack.io' }
    }
}

dependencies {
    implementation 'com.github.mik3y:usb-serial-for-android:master'

    ～省略～

}
```

続いて、「AndroidManifest.xml」を開いて次の内容を追加してください。

```
<activity android:name=".MainActivity">
    <intent-filter>
    ～省略～

        <action android:name="android.hardware.usb.action.USB_DEVICE_ATTACHED" />
    </intent-filter>

    <meta-data
        android:name="android.hardware.usb.action.USB_DEVICE_ATTACHED"
        android:resource="@xml/device_filter" />

</activity>
```

最後に、プロジェクトのルートフォルダを基準に「¥app¥src¥main¥res¥」とたどり、そこへ「xml」というフォルダを作成し、下記のURLから「device_filter.xml」をいうファイルを取得して配置してください。テキストファイルなので内容をコピー＆ペーストしても大丈夫です。ファイル名は同じ名称にしてください。

URL https://github.com/mik3y/usb-serial-for-android/blob/ master/usbSerialExamples/src/main/res/xml/device_filter.xml

このファイルは、現在ライブラリ内に保持している対応デバイスの一覧です。参考までに執筆時点の内容を掲載しておきます。そうそう内容が変わることはないと思いますが、サイトから最新版を取得することをおすすめします。

```xml
<?xml version="1.0" encoding="utf-8"?>
<resources>
    <!-- 0x0403 FTDI -->
    <usb-device vendor-id="1027" product-id="24577" /> <!-- 0x6001: FT232R -->
    <usb-device vendor-id="1027" product-id="24592" /> <!-- 0x6010: FT2232H -->
    <usb-device vendor-id="1027" product-id="24593" /> <!-- 0x6011: FT4232H -->
    <usb-device vendor-id="1027" product-id="24596" /> <!-- 0x6014: FT232H -->
    <usb-device vendor-id="1027" product-id="24597" /> <!-- 0x6015: FT231X -->

    <!-- 0x10C4 / 0xEAxx: Silabs CP210x -->
    <usb-device vendor-id="4292" product-id="60000" /> <!-- 0xea60: CP2102 -->
    <usb-device vendor-id="4292" product-id="60016" /> <!-- 0xea70: CP2105 -->
    <usb-device vendor-id="4292" product-id="60017" /> <!-- 0xea71: CP2108 -->
    <usb-device vendor-id="4292" product-id="60032" /> <!-- 0xea80: CP2110 -->

    <!-- 0x067B / 0x2303: Prolific PL2303 -->
    <usb-device vendor-id="1659" product-id="8963" />

    <!-- 0x1a86 / 0x7523: Qinheng CH340 -->
    <usb-device vendor-id="6790" product-id="29987" />

    <!-- CDC driver -->
    <usb-device vendor-id="9025" />                     <!-- 0x2341 / ......: Arduino -->
    <usb-device vendor-id="5824" product-id="1155" /> <!-- 0x16C0 / 0x0483: Teensyduino -->
    <usb-device vendor-id="1003" product-id="8260" /> <!-- 0x03EB / 0x2044: Atmel Lufa -->
    <usb-device vendor-id="7855" product-id="4"    /> <!-- 0x1eaf / 0x0004: Leaflabs Maple -->
    <usb-device vendor-id="3368" product-id="516"  /> <!-- 0x0d28 / 0x0204: ARM mbed -->
</resources>
```

Pro Microは、次の定義により特別なことをせずに利用可能です。

```xml
<usb-device vendor-id="9025" />                     <!-- 0x2341 / ......: Arduino -->
```

プロジェクトの設定は以上です。

あとは、メソッドの定義をimportしてメソッドを呼び出すだけです。そちらはソースコードの説明をするときに記載します。

余談となりますが、どうしてもこのライブラリをビルドしたい方は、Qiitaに公開している次の事例を参考にするとよいでしょう。

URL https://qiita.com/KA-2/items/711c76fa86e16a5e83c3

このライブラリが初期に保持していないベンダーID、プロダクトIDを持つシリアル通信機器の利用方法（ライブラリが持つメソッド使ってプログラムから追加する方法）や、機器側のUSBクラス、ベンダーID、プロダクトIDをRICOH THETAを使って調べる方法も記載されています。記事のような「GPSドングル」など、特殊なシリアル通信機器とRICOH THETAを連携させたいときに便利です。参照してください。

■ WebUI

RICOH THETAには、現在のところGUIのように豊富な情報を表示するための画面がありません（RICOH THETA Z1にはOLEDがありますが、ちょっと小さすぎますよね）。また、ボタンの数も限られています。

そこで、RICOH THETA内にサーバーを立て、外部機器からブラウザでアクセスすることで、高度なGUIを実現可能にしたものがWebUIです。

RICOH THETA公式プラグインでもWebUIを利用しているものがいくつかあります。「Automatic Face Blur BETA」では、HTML、JavaScript、CCSを駆使して、スマートフォン用THETA基本アプリと同じような撮影画面を、ブラウザで実現しています。実力のある方なら、どんなGUIでもできてしまいますね。

URL https://pluginstore.theta360.com/plugins/
com.theta360.automaticfaceblur/

こちらのプラグインはソースコードも公開しています。参考にしたい方はどうぞ。

URL https://github.com/ricohapi/theta-automatic-face-blur-plugin

AndroidアプリにWebサーバーを立てる方法は複数あります。今回は、その中でも比較的容易と思われる「NanoHTTPD」と呼ばれるものを利用します。ライブラリとして公開されているので、プロジェクトファイルへの取り込み方を説明します。

こちらも、本事例のプロジェクトファイル一式に対しては作業不要（作業済み）です。ご自身で別のTHETAプラグインを作りたいというときにお役立てください。

まず、THETAプラグイン開発者向けドキュメントの下記のURLを参考に、スマートフォン用THETA基本アプリのメニュー操作でも、THETAプラグインのWebUIが起動できるようにします。こちらはTHETAプラグイン固有事項です。「私が作成したTHETAプラグインにはWebUIありますよ！」と宣言しておく程度の作業です。ブラウザにURLを打ち込まなくてもよくなるメリットがあります。

URL https://api.ricoh/docs/theta-plugin/how-to-use/
#using-a-web-server

Android StudioでWebUIを有効にするプロジェクトを開いたら、「app」を右クリックして表示されるメニューを「New」→「Folder」→「Assets Folder」とたどりクリックします。

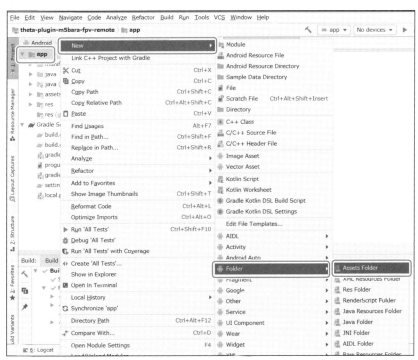

フォルダができたら、その中に「settings.json」ファイルを作成します。中身はテキストです。次の内容を記載します。

```
{
    "webServer": true
}
```

続いて、「NanoHTTPD」をプロジェクトに取り込みます。「build.gradle（Module:app）」の「dependencies」ブロックに次の内容を書くだけです。

```
dependencies {

    ～省略～

    implementation 'org.nanohttpd:nanohttpd-webserver:2.3.1'
}
```

プロジェクトの設定は以上です。あとは具体的な実装になります。そちらはソースコードの説明をするときに記載します。

「特定フォルダにindex.htmlをおいて表示させる」のような簡単な例から始まり、「HTMLに描画したボタンからRICOH THETA VのLEDを操る」というシンプルな事例が記載されている下記のQiitaの記事も参考になります。

URL https://qiita.com/3215/items/d156307dfadd7dc2fbf6

本書の事例では、JavaScriptも駆使し、ライブプリビューの映像をブラウザに表示することも行います。この事例がちょっと難しいかもと感じた方は、このような記事から理解を進めるとよいと思います。

▌▌RICOH THETA APIを利用したライブプリビュー

THETAプラグインで、ライブプリビュー（連続フレーム）を取り扱う方法は次の2通りの手段があります。

- Android Camera APIを利用する方法
- WebAPI（RICOH THETA API）の内部アクセス（ローカルループバック）でLive Preview コマンドを利用する方法

それぞれの概要は次ページの図の通りです。

● Android Camera APIを使ったプレビューフレーム取得方法の概要

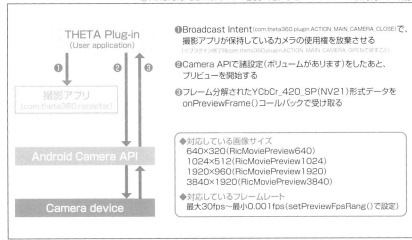

THETA Plug-in
(User application)

撮影アプリ
(com.theta360.receptor)

Android Camera API

Camera device

❶Broadcast Intent(com.theta360.plugin.ACTION_MAIN_CAMERA_CLOSE)で、撮影アプリが保持しているカメラの使用権を放棄させる
(※プラグイン終了時はcom.theta360.plugin.ACTION_MAIN_CAMERA_OPENで戻すこと)

❷Camera APIで諸設定(ボリュームがあります)をしたあと、プレビューを開始する

❸フレーム分解されたYCbCr_420_SP(NV21)形式データをonPreviewFrame()コールバックで受け取る

◆対応している画像サイズ
640×320(RicMoviePreview640)
1024×512(RicMoviePreview1024)
1920×960(RicMoviePreview1920)
3840×1920(RicMoviePreview3840)

◆対応しているフレームレート
最大30fps〜最小0.001fps(setPreviewFpsRang()で設定)

● Web APIの内部アクセスを使ったプレビューフレーム取得方法の概要

THETA Plug-in
(User application)

撮影アプリ
(com.theta360.receptor)

Android Camera API

Camera device

❶Web API(127.0.0.1:8080への内部アクセス)で、ライブプレビューを開始する

❷MOTION JPEG形式のストリームを受け取る

❸MOTION JPEGをJPEGのフレームに分解する
(フレーム分解の担当がTHETAプラグイン側になったというだけで、さほど無駄時間は生じません)

◆対応している画像サイズ ※THETA VとZ1が対象
640×320
1024×512
1920×960

◆対応しているフレームレート ※THETA VとZ1が対象
30fps または 8fps(1920x960は8fpsのみ)

それぞれの特徴は次のようになります。

比較項目	Android Camera API	WebAPI
通信オーバーヘッド (圧縮と解凍含む)	ほぼなし 最終結果はYCrCb形式	通信オーバーヘッドあり 圧縮と解凍も生じる 解凍後はBitmapクラス
扱える画像サイズ	640×320 1024×512 1920×960 3840×1920	640×320 1024×512 1920×960 —
フレームレート	Max 30fps 低速側が柔軟	30fps or 8fps (1920x960は8fpsのみ)
扱いやすさ(コードの書きやすさ. デバッグ容易性)	難易度高い	簡単

この表を見て、「ライブプリビューを受け取る」という局部性能だけで実施手段を決定すると、人によっては後の作業で泣きをみる（場合によっては挫折してしまう・・・）方もいるかもしれません。以降にもう少し判断材料となる説明をします。「連続フレームが取得できたあと、どうする?」が大切になります。

▶ 通信オーバーヘッド

この項目は素直に見ていただいてOKです。撮影に関するすべてをTHETAプラグインが引き受けるわけですから、性能が出る（無駄な演算パワーを使わない）のはAndroid Camera APIをダイレクトに使う方法です。

Android Camera APIで受け取れるデータ形式がYCrCb形式である点は問題にならないと思います。Bitmapクラス（のたとえばARGB8888形式）への変換は、さほど時間がかからない処理、と納得していただけると思います。

▶ 画像サイズとフレームレート

この2つの項目は合わせてみる必要があります。

まず、Web API内部アクセスの事情を補足します。目を引くのは、1920×960のフレームレートが8fpsで頭打ちしていることではないでしょうか。Web APIの内部アクセスができるとはいえ、仕様の上限は「外部機器へ無線LAN通信でライブプリビューを送ること」を念頭に決定されているためと思われます。実態にあわない数値だけの上限だと意味がなくなってしまいますので……。

そして、Android Camera APIで3840×1920の30fpsを選択したらどうなるかの説明が必要です。受け取れますが、その大きさのフレームすべてに、目的とする何らかの画像処理をかけたならば、結局フレームレートを落とす結果になると思います。

「独自処理のために空いている演算パワー」があまりない状態なのです。映像配信には向きますが、+*a*の画像処理をこなすとなると無理が生じます。

利用可能な演算パワーの範疇で、画像サイズとフレームレートを少しずつ落として折り合いをつける（妥協点を探る）ことになります。これを考えると、Web API内部アクセスで受け取れるライブプリビューが、大きく劣っているわけではなくなります。おそらくここが一番大切なところです（少し先出し情報で補足すると、事例3では、Web API内部アクセスのライブプリビューを利用し、Tensor Flow LiteのObject Detectionがぼちぼち動いているわけでして、ぜんぜんダメというわけではなさそうでしょう?）。

▶ 扱いやすさ

Android Camera APIをバリバリと使いこなせる方はこの項目は無視してよいと思います。しかし、まだAndroidに不慣れな方には結構手数が多いと感じるでしょう。コード量が増加するだけでなくデバッグも手間取りそうです。

Web API内部アクセスでライブプリビューを取り扱う方法は、「性能出しはほどほどに、試作→実証検証→修正のサイクルを速く回し、成果物全体として必要な要件を洗い出すとき」や、「それほど複雑な画像処理が必要ないとき」に役立つと思います。作成物を誰かに使ってもらえる状態にするまでが速いのです。

　以上のことから、本書では、事例1と事例3で、RICOH THETA API（Web API）のライブプリビューを利用します。Android Camera APIのライブプリビューについては、OpenCVと深く結びついているので少々読み解きにくいかもしれませんが、事例2で取り扱います。

　RICOH THETA API（Web API）のライブプリビューを利用するとき、プロジェクトに対する設定は不要です。あとはソースコードの説明を参照してください。

Arduino側ソースコードのポイント解説

通信相手のことがわかった上で、THETAプラグイン側のコードの説明を見たほうが頭に入りやすいと思いますので、先に、Pro Micro側のコードから説明します。

ソースコードは、THETAプラグインのプロジェクトファイル一式とともに公開してあります。

URL https://github.com/theta-skunkworks/theta-plugin-m5bara-fpv-remote/arduino/RemoteBase/RemoteBase.ino

このフォルダはAndroid Studioからは無視されます。この配置のまま管理しても大丈夫です。ビルドの仕方、Pro Microへの書き込み方は70ページを参照してください。

関数一覧は次の通りです。

No	関数名称	説明
①	void setup()	Arduinoの定型起動処理
②	void loop()	Arduinoの定型メインループ
③	String serialRead()	シリアル通信の受信を行う
④	int splitParam (String inStr, int *param1, int *param2)	シリアル通信で受信したコマンドのパラメータを分割する
⑤	void setMotor(int16_t pwm0, int16_t pwm1)	2つのモータへ駆動指示を行う。pwm0が左輪、pwm1が右輪、プラスが前進、マイナスが後進駆動
⑥	void readEncder()	2つのモータに取り付けられているエンコーダーの値を読み速度を計算する
⑦	void stop()	2つのモータへの停止指示を出す
⑧	void move(int16_t speed, uint16_t duration)	2つのモータへ同量、durationで指定した時間(msec)だけ駆動指示を出す。speedの正負により正転逆転を指定できる
⑨	void turn(int16_t speed, uint16_t duration)	引数speedの正負により、片側のモータをdurationで指定した時間(msec)だけ正転駆動する
⑩	void turn0(int16_t speed, uint16_t duration)	モータ0をdurationで指定した時間(msec)だけ駆動する。speedの正負により正転逆転を指定できる
⑪	void turn1(int16_t speed, uint16_t duration)	モータ1をdurationで指定した時間(msec)だけ駆動する。speedの正負により正転逆転を指定できる
⑫	void rotate(int16_t speed, uint16_t duration)	モータ0と1を同量だけ逆転させる指示をdurationで指定した時間(msec)だけ行わせる。speedの正負により回転方向を指定できる

③、④は、シリアル通信に関する処理です。③で文字列を読み、④で空白文字を区切り文字として文字列を分割します。

⑤、⑥は、メインループから毎回呼び出され、M5 BALAとI2C通信をする処理です。なお、⑥は参考までに関数を残してありますが、本事例では利用していません。

⑦～⑫は、分割が終わった文字列からコマンドを解釈したあと、コマンドに対応する処理として呼び出されます。⑤を利用して定型のモータ駆動をします。第1引数の「speed」の絶対値は、M5 BALA側のマイコンがモータをPWM（Pulse Width Modulation）という方法で駆動するときのパルス幅を決めるための数値で、0～255までの値をとれます。255がデューティー比100％に相当して最大出力になります。

⑧～⑫では、duration（msec）で指定した期間無処理のループをする「簡易的なdelay処理」を行っています。この期間、他の処理（シリアルやI2Cの送受信）が行われません（改善の余地があります）。

本書ではArduinoの基礎的な便利関数の説明をしません。M5 BALAとの通信をする部分については92ページにて細かく説明します。残りの関数はどれも短くシンプルです。ここまでの情報があれば十分に読み解けるでしょう。

▌▌コマンド体系

THETAプラグインからPro Microへ送信するコマンド（＝Pro Microで解釈しなければならないコマンド）の一覧を下記に示します。

No	コマンド	説明（関数との対応）
①	go	テスト用コマンド。move(80, 1000)を実行する
②	set 引数1 引数2	setMotor (引数1,引数2)を実行する。停止指示をするまで駆動し続ける
③	move 引数1 引数2	move(引数1,引数2)を実行する
④	turn 引数1 引数2	turn(引数1,引数2)を実行する
⑤	turn0 引数1 引数2	turn0(引数1,引数2)を実行する
⑥	turn1 引数1 引数2	turn1(引数1,引数2)を実行する
⑦	rotate 引数1 引数2	rotate(引数1,引数2)を実行する
⑧	その他の入力	空白以外の入力で①～⑦に該当しないものはすべてstop()を実行する。空白は無処理になる

本事例では、わかりやすくするため、1コマンド1関数にしてあります。

Stop動作を特定文字列でなく「未定義の文字列すべて」としたのは安全のためです。あやしい指示はすべて停止になります。

▌▌M5 BALAとのI2C通信

I2C（Inter-Integrated Circuit）は、UARTと同じように電子工作で頻繁に登場するシリアル通信の一種です。UARTのように互いが自由にデータを送受信できる通信とは異なります。MasterとSlaveが存在し、1つのMasterに対して複数のSlaveが存在できます。通信の主導はMasterが握っており、アドレスでSlaveを特定し、さらにSlaveの中のアドレスで指定した領域に数値を書いたり、読んだりする通信です。

本来は、同一ボード上でCPUから小規模なICに対して行う通信ですが、Arduinoでは標準でMasterとSlaveのライブラリがどちらも用意されていることから、ボード間通信でも利用されることがあります。

M5 BALAとI2C通信をするための各種アドレスは、M5Stack社のサイトにも公開されているのですが、そちらがちょっと見にくかったりサイトの構成が変わる可能性が高かったりするので、日本正規代理店のスイッチサイエンス社のページを見にいくとよいでしょう。次のように大きく見ることができます。

URL https://www.switch-science.com/catalog/3995/

それでは、今回のソースコードを解説しておきます。

まず、I2C通信を使うためのライブラリをインクルードし、SlaveのアドレスとSlave内のアドレスを定義しておきます。

```
#include <Wire.h>

#define M5GO_WHEEL_ADDR      0x56
#define MOTOR_CTRL_ADDR      0x00
#define ENCODER_ADDR         0x04
```

続いて、「setup()」関数にI2C通信の初期化の呼び出しと、通信クロックの設定のコードを書きます。

```
void setup() {
  ～省略～

  Wire.begin();
  Wire.setClock(400000UL);  // Set I2C frequency to 400kHz

  ～省略～
}
```

あとは、モータ駆動とエンコーダーの読み取りです。

本事例では、モータ駆動を関数「setMotor」で行っています。通信をしている箇所は下記です。先頭アドレスを指定したあと4Byteの連続書き込みを行っています。

```
Wire.beginTransmission(M5GO_WHEEL_ADDR);
Wire.write(MOTOR_CTRL_ADDR); // Motor ctrl reg addr
Wire.write(((uint8_t*)&m0)[0]);
Wire.write(((uint8_t*)&m0)[1]);
Wire.write(((uint8_t*)&m1)[0]);
Wire.write(((uint8_t*)&m1)[1]);
Wire.endTransmission();
```

エンコーダーの読み取りは、関数「readEncder」で行えます（本事例では利用していません）。通信をしている箇所は下記です。読みたいアドレスをWriteしたあと、そのアドレスを基準に4Byteの連続読み込みをしています。遅い通信であるため、「available()」を使ってデータが更新されたら読むという動作をしています。

```
Wire.beginTransmission(M5GO_WHEEL_ADDR);
Wire.write(ENCODER_ADDR); // encoder reg addr
Wire.endTransmission();
Wire.beginTransmission(M5GO_WHEEL_ADDR);
Wire.requestFrom(M5GO_WHEEL_ADDR, 4);

if (Wire.available()) {
  ((uint8_t*)rx_buf)[0] = Wire.read();
  ((uint8_t*)rx_buf)[1] = Wire.read();
  ((uint8_t*)rx_buf)[2] = Wire.read();
  ((uint8_t*)rx_buf)[3] = Wire.read();
```

　本事例では使用していませんが、M5 BALAには、エンコーダーの累積カウンタも用意されています。上記を参考にカウンタのクリア（0書き込み）や読み取りを行ってみるとI2C通信の練習になると思います。

RICOH THETA側ソースコードの
ポイント解説

この事例のソースコード(プロジェクトファイル一式)は、次のGitHubリポジトリにおいてあります。

URL https://github.com/theta-skunkworks/
theta-plugin-m5bara-fpv-remote

見るべきソースコードのファイル構成は次の通りです。RICOH THETA Plug-in SDKをもとに手を加えています。差分を記載しておきます。

```
theta-plugin-m5bara-fpv-remote\app\src\main
├assets            // WebUIを構成するHTMLとJavaScriptなどがあります。
└java\com\theta360
  ├pluginapplication
  │  ├model        // RICOH THETA Plug-in SDKのままです。
  │  ├network      // RICOH THETA Plug-in SDKと比較して、
  │  │             // HttpConnector.javaに1つメソッドを追加しただけです。
  │  ├oled         // Oled.javaが追加してあります。
  │  ├task         // GetLiveViewTask.java、MjisTimeOutTask.javaが新規ファイルです
  │  │             // TakePictureTask.javaは変更していません。
  │  └view         // MOTION JPEGのフレーム分割クラスMJpegInputStream.javaがあります。
  └m5barafpvremote  // MainActivity.javaとWebServer.javaがあります。
```

以降では、大切なポイントに絞り解説を記載します。

▌▌▌ USB Hostを利用したシリアル通信

シリアル通信に関連するコードはすべて「MainActivity.java」にあります。以降にTHETAでシリアル通信を行うコードを「変数定義」「初期化処理」「終了処理」「定常処理」の順に説明します。

▶ 変数の定義

シリアル通信に関係する変数を次のように定義してあります。

```
// シリアル通信関連
private UsbSerialPort port ;
private boolean mFinished;  // スレッド
boolean readFlag = false;

// USBデバイスへのパーミッション付与関連
PendingIntent mPermissionIntent;
private static final String ACTION_USB_PERMISSION = "com.android.example.USB_PERMISSION";
```

▶ 初期化処理

　THETAプラグイン起動後、「onCreate」メソッドの次に動作するのが「onResume」メソッドです。シリアル通信の初期化関連の処理を「onResume」メソッドに記述しています。

　次のコードでAndroidに対し、現在USB Hostに接続しているデバイスの中で、シリアル通信が可能なもの（環境設定で説明した「device_filter.xml」に定義されているもの）の一覧を取得しています。

```
UsbManager manager = (UsbManager) getSystemService(Context.USB_SERVICE);
List<UsbSerialDriver> usb = UsbSerialProber.getDefaultProber().findAllDrivers(manager);
```

　一覧がゼロであればログを出力して初期化処理を抜けています。一覧が1つ以上あった場合、本事例では処理を簡単にするために一覧の先頭の機器を利用するよう「決めうち」しています。該当するコードは次の箇所です。

```
// Open a connection to the first available driver.
UsbSerialDriver driver = usb.get(0);
```

　「RICOH THETAにUSBハブをつないで複数のシリアル通信機器を同時に扱いたい」という場合には、目的に合わせてコードを修正してください。

　続いて、利用すると決めた機器のシリアル通信にパーミッションが与えられているか確認します。

```
// USBデバイスへのパーミッション付与用(機器を挿したときスルーしてもアプリ起動時にチャンスを
// 与えるだけ。なくてもよい)
mPermissionIntent = PendingIntent.getBroadcast(this, 0, new Intent(ACTION_USB_PERMISSION), 0);
manager.requestPermission( driver.getDevice() , mPermissionIntent);
UsbDeviceConnection connection = manager.openDevice(driver.getDevice());
```

　パーミッションの与え方は、98ページを参照してください。Androidのセキュリティーポリシーの都合で、ダイアログからしか永続的なパーミッションを与えられないため、ちょっと面倒な手順になっています。

　パーミッションが与えられていない場合、仮想画面にダイアログが表示されたままとなり、THETAプラグインの終了操作や電源OFF操作しかできなくなります。パーミッションが与えられていた場合、portをオープンし、通信速度など、細かな設定をします。

```
port.open(connection);
port.setParameters(115200, 8, UsbSerialPort.STOPBITS_1, UsbSerialPort.PARITY_NONE);
port.setDTR(true); // for arduino(ATmega32U4)
port.setRTS(true); // for arduino(ATmega32U4)

port.purgeHwBuffers(true,true);// 念のため
```

　以上が、シリアル通信の初期化処理となります。

▶終了処理

　THETAプラグイン終了操作をトリガーに動作するのが「onPause」メソッドです。シリアル通信の終了処理を「onPause」メソッドに記述しています。

```
// シリアル通信の後片付け ポート開けてない場合にはCloseしないこと
if (port != null) {
    try {
        port.close();
        Log.d(TAG, "M:onDestroy() port.close()");
    } catch (IOException e) {
        Log.d(TAG, "M:onDestroy() IOException");
    }
} else {
    Log.d(TAG, "M:port=null\n");
}
```

　OpenしたportをCloseしているだけなのですが、portがOpenできなかったときにClose処理を行わないようにするため、portのnullチェックをしています。PortがnullのときにCloseメソッドを呼んでしまうと、THETAプラグインは警告音とともに強制終了します（格好悪い終わり方になります）。

▶定常処理

　Androidアプリでは、定常動作を継続して続けるような処理（Arduinoのloopや、組み込みシステムにおいてmainルーチンでloopするような処理）は、自身でタスク、または、スレッドを作成し、そこに記述します。

　本事例では、定常処理を行うスレッドを作成し、そこにシリアル通信を行うportへのRead/Write処理を記述しています。

```
// =========================================================
// Main Thread
// =========================================================
public void mainThread() {
    new Thread(new Runnable() {
        @Override
        public void run() {

            ～省略～

            while (mFinished == false) {

                if (port!=null) {
                    readUsbSerial();
                    writeUsbSerial();
                }
```

～省略～　　　　　　　　　　　　　　　　　　　　▼

```
            }
        }
    }).start();
}
```

「readUsbSerial」メソッドの中でportへのRead処理をしているのは次の部分です。

```
num= port.read(buff, buff.length);
```

「writeUsbSerial」メソッドの中でportへのWrite処理をしているのは次の部分です。

```
port.write( sendBytes, sendTimeout );
```

ここは簡単ですね。残りのコードは説明がなくとも読み解けると思います。

▶ USB Hostを利用したシリアル通信のパーミッション付与方法

　このプラグインをビルドして最初に実行するときに、次の作業を行って、作成したTHETAプラグインにシリアル通信のパーミッションを与えてください。

　96ページで説明した通り、ダイアログに答えるためにVysorを使うわけですが、RICOH THETAのUSBポートにはPro Microを接続しないとダイアログを表示できません。「どうしたらよいのだ?」と疑問に思うかもしれません。

　こんなとき、RICOH THETAとPCを無線LANで接続してVysorを利用できるのです。その手順は次の通りです。

1️⃣ USBケーブルでPCとRICOH THETAを接続する
2️⃣ ターミナルから「adb tcpip 5555」を打つ
3️⃣ 無線LANでPCからRICOH THETAに接続する(RICOH THETAはAPモード)
4️⃣ ターミナルから「adb connect 192.168.1.1:5555」を打つ
5️⃣ Vysorメイン画面に接続可能なRICOH THETAが2つ(USBケーブル経由と無線LAN経由)表示されるので無線LAN経由の「View」ボタンを押す
6️⃣ USBケーブルを外してもVysorが使えることを確認する

　なお、2️⃣と3️⃣は逆順でもOKです。5️⃣と6️⃣は逆順でもOKです。

　本事例以外でも無線LAN経由でVysorを使いたいことは出てきます。本手順を行うと、Android Studioのlogcatも無線LAN経由で利用できるようになります(logcatの設定は適切に行ってください)。THETAプラグイン開発に必須とも思われるデバッグテクニックなので、覚えておくと便利です。

　無線LAN経由でVysorが使えるようになったら、その状態でRICOH THETAにPro Microを接続してください。OTG(On The Go)でTHETAプラグインが起動し、次のダイアログが表示されるので、「Use by default for this USB device」をONにして、ダイアログの「OK」ボタンを押してください。

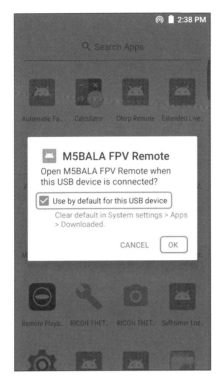

この操作をした後は、パーミッションを訪ねられることなくこのプラグインを使うことができます。

WebUI

まずは外枠の処理から説明します。

Webサーバーに必要なリソースは、「MainActivity」に次のように定義してあります。「Web Server」というクラスは、「WebServer.java」に作成したものです。NanoHTTPDを利用した処理がまとめて記述されています（後半で説明します）。

```
// WebServer Resorce
private Context context;
private WebServer webServer;
```

Webサーバーの起動は「MainActivity.java」の「onCreate」メソッド末尾で行っています。

```
this.context = getApplicationContext();
this.webServer = new WebServer(this.context, mWebServerCallback);
try {
    this.webServer.start();
} catch (IOException e) {
    e.printStackTrace();
}
```

Webサーバーの終了は、「onDestroy」メソッドで行っています。

```
if (this.webServer != null) {
    this.webServer.stop();
}
```

あとは、WebServerクラスに定義されているCall Back処理が次のように記述されています。いずれも、画面操作されたときに実行されます。

```
/**
 * WebServer Callback.
 */
private WebServer.Callback mWebServerCallback = new WebServer.Callback() {
    @Override
    public void execStartPreview(int format) {
        previewFormatNo = format;
        startPreview(mGetLiveViewTaskCallback, format);
    }

    @Override
    public void execStopPreview() {
        stopPreview();
    }

    @Override
    public boolean execGetPreviewStat() {
        if (mGetLiveViewTask==null) {
            return false;
        } else {
            return true;
        }
    }

    @Override
    public byte[] getLatestFrame() {
        return latestLvFrame;
    }

    @Override
    public void execCtrlBala(int inCmdNo){
        Log.d(TAG, "execCtrlBala() : inCmdNo=" + String.valueOf(inCmdNo) );
        moveCommandNo = inCmdNo;
        sendReq = true;
    }

};
```

5つのCall Back関数は、それぞれ次のように振る舞います。

No	Call Back関数名称	説明
①	execStartPreview	画面起動時、ライブプリビューOn操作がされたとき、撮影完了後に呼び出され、THETAプラグイン内のライブプリビュー取得処理を開始する
②	execStopPreview	ライブプリビューOFF操作がされたときに呼び出され、THETAプラグイン内のライブプリビュー取得処理を停止する
③	execGetPreviewStat	画面から定期的に呼び出され、ライブプリビューON/OFF状態を返す
④	getLatestFrame	ライブプリビューON中に定期的に呼び出され、THETAプラグインが保持している最新画像を返す
⑤	execCtrlBala	画面の車体制御ボタンが押されたときに呼び出され、受け取ったボタン番号を変数「moveCommandNo」にセットしている

この変数は前述の定常処理を行うスレッドが監視しており、値がセットされると、番号に対応するコマンドをM5 BALAに送信します。

続いて、具体的なWebサーバーの処理について説明します。

「WebServer」クラスには次の8つのメソッドが記述されています。

No	メソッド名称	説明
①	WebServer	コンストラクタ
②	serve	サーバーのメインルーチン的役割。受信したuriに応じて、④、⑥、⑦の処理に分岐する
③	getPostData	ブラウザからPOSTされたデータを分解して、必要な文字列だけを抜き出す
④	servePreviewCommnand	ライブプリビューに関する要求を実行する
⑤	serveFrame	ライブプリビューの1フレームを返す。返すべきフレームが存在しない場合には⑧を使って、黒画像を返す
⑥	serveAssetFiles	「assets」フォルダに置いたファイルを返す
⑦	serveOsc	露出補正と撮影はRICOH THETA APIをブラウザから受け取り、撮影タスクに横流しすることで実現している（TakePictureTaskはシャッターボタン操作のときにしか利用していない）。HTMLとJavaScriptを追記すれば、簡単に他の撮影設定も行えるようにしてある
⑧	setBlackJpegByteArray	現在のフレームサイズに合った黒画像を返す

コードを掲載してまでの細かな説明はしません。この説明からコードを読み解き、必要に応じた調べものもできると思います。

最後に、「assets」フォルダ配下に配置したブラウザ側で動作するファイルの説明をします。

ファイル	説明
img/theta_logo.jpg	ブラウザのアイコン用画像で省略可能
js/preview.js	JavaScriptファイル
index.html	HTMLファイル

「Index.html」はとてもシンプルな内容です。特に解説はしません。

「preview.js」に記述されている関数の一覧は次ページの表の通りです。

04

映像を見ながら操れるラジコン〜事例1

No	関数名	説明
①	stopLivePreview	画面操作や撮影直前に呼び出され、ライブプリビューを停止する
②	startLivePreview	画面ロード完了後、画面操作、撮影完了後に呼び出され、ライブプリビューのフレーム取得を開始する
③	updatePreviwFrame	Index.htmlがロードされると動作し、ライブプリビューの映像（1フレーム）を最新のものに更新する。更新が終わると④を実行する
④	repeat	③と合わせて、100msec間隔の周期動作をしている。動作周期を短くするほど、THETAプラグインの負荷が上がるので注意。⑤、⑦も併せて実行し、画面の状態を最新に保つ
⑤	updatePreviewStat	Repeatから呼び出され、最新のライブプリビュー動作状態を取得する
⑥	setEv	画面操作により呼び出され、露出補正値を設定する
⑦	updateEv	Repeatから呼び出され、最新の露出補正値を取得する
⑧	takePicture	画面操作により呼び出され、撮影指示を行う
⑨	watchTpComplete	takePictureの実行後に呼び出され、100msec間隔で撮影完了を監視する。撮影完了時にはライブプリビューを再開し繰り返し処理も終了する
⑩	ctrlBala	画面の車体制御ボタン操作により呼び出され、どのボタンが操作されたかをTHETAプラグインに通知する

④、⑧、⑨では、次のようなコードでmsec単位のdelayを行っています。

```
const d1 = new Date();
while (true) {
  const d2 = new Date();
  if (d2 - d1 > 100) {
    break;
  }
}
```

なぜ、「setInterval」や「setTimeout」を使わないのかと疑問に思う方がいるかもしれません。これは、少し古いブラウザ（IE9など）にも対応しておくためです。

「repeat」以外の関数はすべて、XMLHttpRequestというブラウザ上でサーバーとHTTP通信を行うためのAPIを利用しています。

基本的な処理の流れは以下の通りです。

1 JSON形式のコマンドを作成する。本事例では、一番外側の構造の名称をcommandにしている。

2 XMLHttpRequestのインスタンスを生成する。「var xmlHttpRequest = new XML HttpRequest();」の行に該当する。

3 応答が得られたときの処理を定義しておく。次の形式で記述する。

```
xmlHttpRequest.onreadystatechange = function() {
    ～それぞれの関数に合った処理～
};
```

4 サーバーへ要求を投げる（POSTする）。次の行が該当する。

```
xmlHttpRequest.open(POST, COMMAND, true);
xmlHttpRequest.setRequestHeader(CONTENT_TYPE, TYPE_JSON);
xmlHttpRequest.send(JSON.stringify(command)); // 1のcommandを送信
```

これだけです（**3** が少々ごちゃごちゃすることもありますが、簡単でしょ?）。

JavaScriptのデバッグはブラウザのデバッグ機能を使うとよいです。Chromeの場合、パソコンでのみ利用できます。利用の方法は、右上の3点マークから「その他ツール」→「デベロッパーツール」を選択します。次のような画面（右側）がデベロッパーツールです。ブレークポイントを設定したり、変数の数値をのぞき見したりできます。

▌▌▌ ライブプリビュー

ライブプリビューの映像は、RICOH THETA APIの「camera.getLivePreview」コマンドで取得できます。

> **URL** https://api.ricoh/docs/theta-web-api-v2.1/commands/
> camera.get_live_preview/

このコマンドで取得できる映像はMOTION JPEGと呼ばれる形式です。JPEGのフレームとフレームの区切りを示すデータが連続して送られてきます。

この連続データを1フレーム単位で画像処理をかけたり、ブラウザに送信したりするには、THETAプラグインでフレーム分割を行う必要があります。

ライブプリビューの映像取得に関して、「GetLiveViewTask」が全体の振る舞いを取り仕切っています。

起動すると、ライブプリビューのフォーマット（大きさとフレームレート）を設定します。

```
// set liveview Format
String strJsonLiveviewFormat =
    "{\"name\": \"camera.setOptions\", \"parameters\":{\"options\": {\"previewFormat\":"
    + strFormat
    + "} } }";

strResult = camera.httpExec(
    HttpConnector.HTTP_POST,
    HttpConnector.API_URL_CMD_EXEC,
    strJsonLiveviewFormat);
```

そして、ライブプリビューを開始します。ライブプリビューの開始は、ごくまれに失敗することがあるため、最大20回までのリトライするようにしています。

```
// start liveview
final int MAX_RETRY_COUNT = 20;
for (int retryCount = 0; retryCount < MAX_RETRY_COUNT; retryCount++) {
    ～省略～
    try {
        InputStream is = camera.getLivePreview();
        mjis = new MJpegInputStream(is);
        retryCount = MAX_RETRY_COUNT;
    } catch (IOException e) {
        ～省略～
    } catch (JSONException e) {
        ～省略～
    }
}
```

　連続データはJavaの「ImputStream」という形式で受け取ります。ストリームの分解は「MJpeg InputStream」クラスで行います。1フレーム取得できるたびに、コールバック関数「onLivePreviewFrame」を呼び、「MainActivity」にデータを渡しています。

```
// Read Live Preview
～省略～

while (mjis != null && !isCancelled()) {
    try {

        byte[] buff = mjis.readMJpegFrame();
        if (isCancelled()) {
            break;
        }
        mCallback.onLivePreviewFrame(buff);


    } catch (IOException e) {
        ～省略～
    }

    ～省略～
}
```

　デバッグのために実際に受信できたフレームレートを簡易的に求めているところやエラー処理は省略してあります。

　連続データをフレームに分割している「MJpegInputStream」クラスでは、Java標準の「Input Stream」クラスや「DataInputStream」クラスのメソッドを駆使しながら、JPEGデータの始まりを示す「SOI（Start of Image）Maker = 0xFFD8」と、JPEGデータの終わりを示す「EOI（End of Imag）Maker = 0xFFD9」を頼りにフレームを分割しています。このクラスをカスタマイズする必要はないと思うので、コードの掲載は割愛します。

　ライブプレビュー全体の流れは以上なのですが、最後にライブプレビューの特殊事情により実装した「MjisTimeOutTask」について説明しておきます。

　撮影タスクは、ライブプレビュー取得中に、WebUIを表示している機器から無線LANの接続を切られると、ライブプレビューの送信を停止するのですが、その際、古いファームウェアの場合「InputStreamのポートを開いたまま」にしてしまいます（2020年6月17日にリリースされたファームウェアRICOH THETA V Ver 3.40.1、RICOH THETA Z1 Ver 1.50.1以降では発生しません。ポートは閉じられます）。

この振る舞いは、THETAプラグインからすると少々厄介事でして、「GetLiveViewTask」のループ処理が抜けられなくなり（厳密には、「MJpegInputStream」クラスの「readMJpegFrame」メソッドで呼び出している「readFully」がデータ受信待ちのままになります）、プラグインを終了しても、中断されたデータの処理をしていた「GetLiveViewTask」タスクの残骸が残ってしまうのです（無線LANを再び接続し、ライブプレビューの取得を開始すると、別の「GetLiveViewTask」が動作するので、使用者視点の振る舞いは問題ないのですが、ゾンビタスクが残ってしまうので、ちょっと気持ち悪いです）。

この振る舞いをリカバリーするため、「MjisTimeOutTask」というタスクを用意しました。「onLivePreviewFrame」が呼び出されるたびに、タイムアウト監視の停止と再設定を行っています。1秒以上放置されると、「onTimeoutExec」というCall Back関数が呼ばれます。本事例では、強制的に「ImputStream」のポートを閉じています。そうすると、自然と不要になった「GetLiveViewTask」は終了します。

この処理は、新しいファームウェアでは不要なのですが、本書の土台となるQiita記事を記載したときのまま残してあります。不要な方は削除してください。

以上で、事例1のソースコード解説は終わりです。「Oled.java」の説明は、車体の動作に関わっていないのと、本事例では画面のクリアしか行っていないため割愛します。詳しく知りたい方は60ページで紹介しているQiita記事を参照してください。

まとめ

この事例によって、大きく3つのことができるようになったはずです（公開済みQiita記事3本の内容が含まれています）。

- USBシリアル通信を使い、外部機器と双方向通信をする。
- WebUIの画面から操作指示をうけとり、対応する処理をする
- 連続フレームを自身のプログラムで受け取る（今回はその後、ブラウザへ横流すところまで）。

この土台をベースに、事例2のライントレーサーへ進んでください。「映像を解釈して、PID制御という方法でモータ駆動量を算出する」という要素が加わります。人間の手で指示をしなくともTHETAが自律して走り出します！

なお、本事例は、プログラムがそのままでもご家庭のネットワークルータ経由で車体を動かすことができます。製品動作の手順でRICOH THETAをCLモードにしてネットワークに参加させたあと、ルーターがRICOH THETAに割り当てたIPアドレスがわかれば（ルーターの管理画面やネットワーク系コマンドで調べるなど、方法は多種あります）、あとはブラウザに入力するIPアドレスの部分を置き換えるだけです。興味がある方はそんな動かし方も試してみてください。

そして、ちょっとおまけの情報です。

M5 BALAだけを購入する方は少ないと思います。M5Stack FIREも併せて購入していますよね。次の記事では、本章で取り上げたライブプリビューに特化した説明のあと、M5Stack（BASIC/GRAY/FIRE）をTHETAのライブプリビュー付きリモコンにしてしまう事例も紹介しています。

> **URL** https://qiita.com/KA-2/items/cef05a4960663bd2ba2f

ダイレクトにM5Stackのコードにたどり着きたい方は次のGitHubリポジトリを確認してください。Readmeに詳しい説明があり、「Japanese page here」のリンクから、日本語のReadmeにもたどり着けます。

> **URL** https://github.com/theta-skunkworks/theta-plugin-
> extendedpreview/tree/master/M5Stack_Sample

　THETAプラグインがあるおかげで、M5Stackのような小規模な演算能力のマイコンでも、平均9.5fpsくらいでライブプリビューを見つつ撮影指示ができてしまいます。M5Stack側のプログラムもESP32の能力を最大限引き出す仕掛けがされていて見所たくさんです。

CHAPTER 05

ライントレーサー
（黒線認識とPID制御）
～事例2

全体説明

　この事例では、事例1と同じ車体を利用して、ライントレーサーのTHETAプラグインを作成します。「THETA内部で車体下方周囲の黒い線を認識し、黒い線と車体前方のズレをなくすようにM5 BALAへモータ動作指示を出す」というサイクルを繰り返すことで、THETAが自律動作をします。

● 事例1と同じ車体を利用したライントレーサーのTHETAプラグイン

WebUIも設けてあり、次の2つのことができます。

- 車体視点の映像を認識結果やモータ駆動状況とともに表示する(Qiita記事ではVysorを使っていた映像をWebUIに表示)
- モータ制御パラメータの調整

　明るい床などに、黒テープを貼ると、黒線に沿って走ります。上図程度の床の継ぎ目などは影響ないような認識処理をしています。黒テープはツルツルしてない（反射しにくい）素材がよいです。「パーマセル（粘着力がほどよく剥がしても跡が残らない、黒い紙テープ）」はおすすめの1つです。

　THETAプラグインを起動し、いきなり車輪が回り出すと扱いにくいので、シャッターボタンを押すと3秒間待ってから動作を開始し、動作中にシャッターボタンを押すと停止するようにしてあります。

　さらに、直線での加減速制御をする／しないをモードボタンで行えるようにしています。

　内部の状態を次のように表示します。

	RICOH THETA V	RICOH THETA Z1
ライントレースの状態	LED3（WLANマーク） 動作停止　：消灯 動作中 　開始待ち：シアン 　前進中　：緑 　回転中　：黄 　黒線なし：マゼンタ 　通信異常：赤	1行目「Line Trace :」 動作停止　　：Off 動作中 　開始待ち：Wait 　前進中　：Forward 　回転中　：Rotation 　黒線なし：Lost 　通信異常：Error
加速制御 　する／しない	LED6（Liveマーク） 加速あり：点灯 加速なし：消灯	2行目「Accele Mode:」 加速あり：On 加速なし：Off
加速状態	LED7（RECマーク） 加速中：点灯 その他：消灯	3行目「Accele Stat:」 加速中：On その他：Off

　少し離れたところにある黒線であれば、自分からまたぎにいったり、黒線の端にいくと反転してコースを逆順にたどったりもします。

　動作している様子は、下記のURLから動画をご覧ください。

URL https://github.com/theta-skunkworks/
theta-plugin-m5bara-fpv-linetracer

ハードウェアの組み立て

　ハードウェアは事例1のままなのですが、走行させる場所の照明が強い場合の対策を紹介しておきます。

　Maker Faireなどのイベント会場の照明はとても強い光です。こういった場所ですと、天井方向と床方向の輝度差が大きくなりすぎて、黒線を認識しにくくなることがあります。

　そんなとき、下記の写真程度の大きさの紙をRICOH THETAの頭に貼り付け日除けの傘のようにすると、認識の状況を改善できることがあります。

　通常の屋内では、このような対策は不要ですが、もしものときに備えて掲載しました。RICOH THETAを使ってMaker Faireに出展していただけると、私たちも大喜びです。ぜひトライしてください。

ソフトウェアの技術要素

事例2で利用しているソフトウェアの技術要素を説明します。

ⅠⅠⅠ プロジェクトにOpenCVを取り込む方法

OpenCV(Open Source Computer Vision Library)について細かな説明はしません。オープンソースということから、世界中の開発者が育てている画像処理ライブラリというあたりは想像できると思います。「何ができるのか」について、手短にお伝えしておくと、映像を取り扱うための道具箱といったところでしょうか。数学的な処理を施し画像を変換する、画像を認識する、カメラキャリブレーション、3次元再構成、各種機械学習(統計的手法やニューラルネットワーク)など、多岐に及んでいます。

1つ関数を呼べばわかりやすい結果を得られるものもありますが、小さな道具を組み合わせ、所望の結果を得ることに醍醐味があるでしょう。

サポートしている言語、対応しているプラットフォームが多く、移植性が高いという特徴もあります。

AndroidでもOpenCVを利用できます。OpenCV公式サイトの「Android Development with OpenCV」を参照すると、その方法には次の種類があるようです。

> URL https://docs.opencv.org/3.4.4/d5/df8/
> tutorial_dev_with_OCV_on_Android.html

- Javaで扱う方法
  - OpenCV Managerを使う方法
  - 使いたいバージョンのライブラリを静的リンクさせる方法
- NDK(C/C++)で扱う方法

一般的なAndroidスマートフォン向けにはOpenCV Managerを使う方法が推奨されています。OpenCV Managerは、最新のライブラリを利用しようとします。しかし、RICOH THETAは、常に外部ネットワークとつながった状態で利用できるとは限らないことから、この方法は向きません。

事例2では、使いたいバージョンのライブラリを静的リンクさせる方法を使用します。少々余談となりますが、NDK(C/C++)で扱う方法については事例3で紹介します。

まずは、プロジェクトにOpenCVを取り込む方法を説明します。公開しているプロジェクト一式にはこの作業を実施済みです。別の目的でOpenCVを利用したい場合に備え掲載しておきます。

次の3つの段階があるので順に説明します。

1 OpenCV Android Packを取得する

2 プロジェクトにOpenCVをインポートする

3 ソースコードを編集する（THETAプラグイン内にOpenCVをロードする）

▶ OpenCV Android Packの取得

OpenCVのReleasesページから、OpenCVバージョン3の最新版「Android pack」をダウンロードします。執筆時点の最新版は3.4.11です。

URL https://opencv.org/releases/

OpenCVバージョン4も表示されていますが、OpenCVが求めるAndroidのAPIレベルがRICOH THETAに合っていないため、動作しないものが多い可能性があります。このため、バージョン3を利用します。また、公開してある事例2のプロジェクトでは3.4.5を利用しているので注意してください。本章のもととなったQitta記事で利用しているバージョンのままというだけです。現在、マイナーバージョンアップされていますが、本事例で使用しているメソッドに影響はありません。

ダウンロードできたらzipを展開して配置しておきます（後の手順でパスが必要になります）。本書では「C:¥opencv¥」配下に「opencv-3.4.11-android-sdk」というフォルダに展開しました。

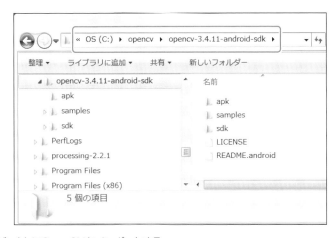

▶ プロジェクトにOpenCVをインポートする

ダウンロード後、展開したパッケージを作業するプロジェクトにインポートします。ベースとした
プロジェクトは「RICOH THETA Plug-in SDK」です。

Android StudioでOpenCVをインポートしたいプロジェクトを開いたら、メニューから「File」
→「New」→「Import module」を選択し、「Source directory」に「C:¥(OpenCVを置いた
場所)¥sdk¥java」と入力します。

Projectのツリーに取り込んだOpenCVが表示されます。

この作業により、プロジェクトファイル一式の整合性がチェックされます。

「openCV3411」の「AndroidManifest.xml」の次の行に問題があると通知されるので、この行は消してしまってください。

さらに、「bild.gradle（Module: openCVLibrary3411）の、「compileSdkVersion」「target SdkVersion」を「25」に修正してください。

```
android {
    compileSdkVersion 25
    ～省略～

    defaultConfig {
        ～省略～
        targetSdkVersion 25
    }
    ～省略～
}
```

　この作業は、OpenCVバージョン3の一部（高度な）関数がAndroid Camera 2 API（RICOH THETAがサポートしていないAPI）を利用しているのですが、それでも強引にビルドを通すためです。よく利用される基礎的な画像処理関数には影響がありません。ライブラリに手を加えるよりは楽なのでこのような手段をとっています。

　続いて、プロジェクト内の所定の位置に「jniLibs」というフォルダを作成し、Android packから、「arm64-v8a」配下のファイル（拡張子がsoのライブラリ）を配置します。この作業は手動です。

- ●コピー元：C:¥（OpenCVを置いた場所）¥sdk¥native¥libs¥arm64-v8a
- ●コピー先：C:¥（プロジェクトファイルがある場所）¥app¥src¥main¥jniLibs¥arm64-v8a

次に、このファイルを有効にする設定をします。

Android Studioのメニューから、「File」→「Project Structure」を選択し、左から「Dependencies」タブ、「app」タブを順に選択したあと、「Declared Dependencies」という文字の下にある「+」をクリックします。選択肢が表示されるので「Module Dependency」をクリックします。

次の画面が表示されるので「openCVLibrary3411」をONにして「OK」ボタンをクリックします。

「openCVLibrary3411」が一覧に追加されたことを確認します。

　以上でプロジェクトへのOpenCVインポート作業は完了ですが、まだOpenCVをコードから利用できる状態ではありません。次の作業に進んでください。

▶ソースコードの編集（THETAプラグイン内にOpenCVをロードする）

OpenCVを利用するためには、OpenCVをロードするコードを記述しておく必要があります。ロードには「OpenCVLoader.initDebug()」というメソッドを使います。

THETAプラグインが起動して初期にロードしたほうがよいと思うので、「onResume」に書いておくとよいでしょう。

```
protected void onResume() {
    super.onResume();

    if (!OpenCVLoader.initDebug()) {
        Log.d(TAG, "Internal OpenCV library not found.");
    } else {
        Log.d(TAG, "OpenCV library found inside package.");
        // ライブラリがロードできてから実行したいことがあればここに書く
    }

    ～省略～
}
```

以上で、ひとまずTHETAプラグインからOpenCVが利用できるようになります。Mat型に画像データを入れてOpenCVの各種画像処理を行うコードを書けばOKです。ここまでの作業で、静止画を加工するようなTHETAプラグインはすぐに作れるひな形になっています。

Ⅰ OpenCVとAndroid Camera APIを利用した連続フレーム取得

ここまでの作業で、事例1のように、RICOH THETA APIのライブプレビューを利用して取得したフレームにOpenCVの画像処理をできるのですが、87ページで図示した通り、フレームを受け取るまでのオーバーヘッドが多めです。今回は、バリエーションを示すために、Android Camera APIを利用した連続フレーム取得例を示します。もう一度、概要の図を確認してみましょう。

● Android Camera APIを使ったプレビューフレーム取得方法の概要

THETA Plug-in
(User application)

撮影アプリ
(com.theta360.receptor)

Android Camera API

Camera device

❶ Broadcast Intent(com.theta360.plugin.ACTION_MAIN_CAMERA_CLOSE)で、撮影アプリが保持しているカメラの使用権を放棄させる
(※プラグイン終了時com.theta360.plugin.ACTION_MAIN_CAMERA_OPENで戻すこと)

❷ Camera APIで諸設定(ボリュームがあります)をしたあと、プレビューを開始する

❸ フレーム分解されたYCbCr_420_SP(NV21)形式データをonPreviewFrame()コールバックで受け取る

◆ 対応している画像サイズ
640×320(RicMoviePreview640)
1024×512(RicMoviePreview1024)
1920×960(RicMoviePreview1920)
3840×1920(RicMoviePreview3840)

◆ 対応しているフレームレート
最大30fps～最小0.001fps(sctPreviewFpsRang()で設定)

　図中の①はRICOH THETA固有手順です。②、③をAndroid Camera APIを利用して記述し、さらにOpenCVを利用するとなると、かなり大変です。そこで、OpenCVの中に定義されている「JavaCameraView」というクラスを利用する方法を紹介します。このクラスの中でAndroid Camera APIを使うコード（②や③）が書かれているので、少しアレンジするだけでアプリケーションから連続フレームを取り扱えます。

　次の順番で説明します。

■1 RICOH THETAにおけるAndroid Camera API利用方法
■2 「JavaCameraView」をアレンジした「ThetaView」クラス
■3 最小限の動作環境構築（「MainActivity.java」の編集）

▶ **RICOH THETAにおけるAndroid Camera API利用方法**

　まずは、OpenCVに依存しない部分について説明します。

　Android Camera APIを利用するには、アプリケーションがカメラを利用することを宣言しておく必要があります。

　「AndroidManifest.xml」に次の宣言を追加すればよいです。

```
<uses-permission android:name="android.permission.CAMERA" />
<uses-feature android:name="android.hardware.camera" android:required="false"/>
```

　この宣言を行ったTHETAプラグインをパソコンからRICOH THETAにインストールして動かす場合には、Vysorを使って手動で権限を与える必要があるので、その手順もあわせて掲載しておきます。ストアからインストールした場合には不要な手順です。

　VysorからSettingsを開き「Apps」→「対象のプラグイン」→「Permissions」と画面をたどったら、「Camera」の項目をONします。最初に起動する前に1回だけ行えばOKです。

　続いて、RICOH THETA固有事項として、通常は撮影アプリがカメラを利用しているので、THETAプラグイン開始時にカメラを開放してもらい、THETAプラグイン終了時には、もとに戻す必要があります。

　下記の公式ドキュメントのBroadcast Intentの末尾に記載があります。

URL https://api.ricoh/docs/theta-plugin-reference/
broadcast-intent/#notifying-camera-device-control

自身でそのコードを書いてもよいのですが、「PluginActivity」クラスに便利なメソッドが用意してあるので、その使い方を掲載しておきます。

撮影アプリのカメラ利用を停止させるには、「onCreate」メソッド末尾で次のメソッドを呼び出せばよいです。

```
notificationCameraClose();
```

撮影アプリのカメラ利用を再開させるには、「onPause」メソッドから次のメソッドを呼び出します。

```
close();
```

実は、「close()」の中で「notificationCameraOpen();」が呼ばれています。「close()」は、THETAプラグイン終了時にやっておくべき仕事がまとまっているので、便利です。きれいにTHETAプラグインを終了することができます。

なお、撮影アプリがカメラを利用していない期間、THETAプラグインからRICOH THETA APIを利用できなくなる(コマンドを打っても、撮影アプリでカメラが利用できない主旨の応答があるだけになる)ので注意してください。

Android Camera APIを使って、撮影の各種パラメータを設定するには、次のドキュメントに従ったパラメータを利用してください。

URL https://api.ricoh/docs/theta-plugin-reference/camera-api/

▶ 「JavaCameraView」をアレンジした「ThetaView」クラス

事前に説明した通り、OpenCVの「JavaCameraView」クラスは、Android Camera APIを利用して連続フレームを取得できるのですが、THETA固有の撮影パラメータをサポートしていません。そこで「ThetaView」クラスというものを作成しています。

本章の144ページに記載してあるプロジェクトファイル一式では、「MainActivity.java」と同じフォルダに配置した「ThetaView.java」が該当します。

もととなった「JavaCameraView」のソースコードは、ダウンロードしたOpenCV Android packの次のファイルです。

● (展開元フォルダ)¥sdk¥java¥src¥org¥opencv¥android¥JavaCameraView.java

もととなった「JavaCameraView」と比べ、「initializeCamera()」メソッド以外はほぼそのままです。「initializeCamera()」内も、「RIC_SHOOTING_MODE」というRICOH THETA独自パラメータを設定することと、不必要そうな記述を省いただけの変更です。

新たなプロジェクトで利用するときには、「ThetaView.java」を持ってきて、画像サイズやフレームレートの数値だけを目的に応じて書き換えるのがよいでしょう。

```
// set the preview size according to the "RicMoviePreviewXXXX" parameter
private static final int PREVIEW_SIZE_WIDTH = 640;
private static final int PREVIEW_SIZE_HEIGHT = 320;
private static final String PREVIEW_SIZE_PARAM = "RicMoviePreview640";

public static final int FPS = 15;
```

もう一点、大切なポイントがあります。

このクラスは、画面がある一般Androidアプリ用に作成されており、画面に連続フレームを表示します。THETAプラグインの場合、Vysorで見る仮想画面に該当します。RICOH THETA Plug-in SDKをもとに環境構築する場合、画面のコード（といってもxmlで記述されていて、コピー&ペースト＋局部書き換えだけです）にも手を加える必要があるので、覚えておいてください。

もととなるコードはダウンロードしたOpenCV Android packの次のファイルです。「Java CameraView」を利用したサンプルコードのものを流用しました。

● （展開元フォルダ）¥samples¥tutorial-1-camerapreview¥res¥layout¥
tutorial1_surface_view.xml

Android Studioで、プロジェクトを開いたら、Projectのツリーを「app」→「res」→「layout」→「activity_main.xml」とたどりファイルを開きます。画面デザインのタブが開くので、その下部にある「Text」というタブをクリックすると、xmlの編集ができます。上記のもとファイルの内容をまるごとコピー＆ペーストしたあと、「org.opencv.android.JavaCameraView」のところを、「ThetaView.java」の所在がわかるよう、プロジェクトに合わせて書き換えます。

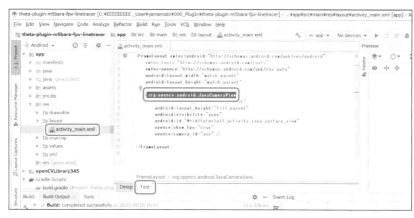

事例2の場合、「com.theta360.opencvpreview.ThetaView」です。「RICOH THETA Plug-in SDK」をもとに環境構築した場合「com.theta360.pluginapplication.ThetaView」です。

▶最小限の動作環境構築(「MainActivity.java」の編集)

「ThetaView.java」を利用するには、「MainActivity.java」の編集も行う必要があります。

「RICOH THETA Plug-in SDK」をベースにここまでの環境構築をした前提で説明します。演習としてご自身でも行ってみてください。

事例2もこの作業を行った後のプロジェクトをベースに、目的のコードを書き加えています。プログラムの全体構造を把握するのによい練習になります。

本作業を行う前に不要なコードを削除しましょう。下記のところが不要です。

- RICOH THETA APIを利用している箇所(Android Camera APIを使うと「TakePicture Task」は使えない)
- LED操作(「onKeyUp」の処理)
- 「onCreate」の先頭あたりの「setAutoClose(true);」
- 「onResume」の「isApConnected()」によるAPモード判定」

不要になったimport文はグレーに色が変わるのでそれも削除しましょう。さらに、コメントも削除してしまいましょう。

削除すると、次のような状態になっているはずです。

```
package com.theta360.pluginapplication;

import android.os.Bundle;
import android.view.KeyEvent;
import com.theta360.pluginlibrary.activity.PluginActivity;
import com.theta360.pluginlibrary.callback.KeyCallback;
import com.theta360.pluginlibrary.receiver.KeyReceiver;

public class MainActivity extends PluginActivity {

    @Override
    protected void onCreate(Bundle savedInstanceState) {
        super.onCreate(savedInstanceState);
        setContentView(R.layout.activity_main);

        setKeyCallback(new KeyCallback() {
            @Override
            public void onKeyDown(int keyCode, KeyEvent event) {
                if (keyCode == KeyReceiver.KEYCODE_CAMERA) {
                }
            }

            @Override
            public void onKeyUp(int keyCode, KeyEvent event) {
            }
```

```
        @Override
        public void onKeyLongPress(int keyCode, KeyEvent event) {

        }
    });
}

@Override
protected void onResume() {
    super.onResume();

}

@Override
protected void onPause() {

    super.onPause();
}
}
```

もともとすっきりしていたひな形が、さらにすっきりしましたね。それでは編集作業開始です。

まず、ThetaViewのインターフェースである「CvCameraViewListener2」を「MainActivity」クラスにimplementsします。

次の行を確認します。

```
public class MainActivity extends PluginActivity {
```

これを次のように書き換えます。

```
public class MainActivity extends PluginActivity implements CvCameraViewListener2 {
```

このインターフェースを持つと、「MainActivity」クラスに記述しなければならないメソッドが増えます。「ライブプリビュー開始時に呼ばれる処理」「ライブプリビュー終了時に呼ばれる処理」「フレーム取得時に呼ばれる処理」の3つです。

メソッドが利用する変数の定義を「MainActivity」クラスの先頭に記述します。

```
private Mat mOutputFrame;
```

そのあと、「MainActivity」クラスの末尾に、次のメソッドを書き加えてください。

05
ライントレーサー(黒線認識とPID制御)〜事例2

```java
public void onCameraViewStarted(int width, int height) {
    mOutputFrame = new Mat(height, width, CvType.CV_8UC1);
}

public void onCameraViewStopped() {
    mOutputFrame.release();
}

public Mat onCameraFrame(CvCameraViewFrame inputFrame) {
    // get a frame by rgba() or gray()
    Mat gray = inputFrame.gray();

    // do some image processing
    Imgproc.threshold(gray, mOutputFrame, 127.0, 255.0, Imgproc.THRESH_BINARY);

    return mOutputFrame;
}
```

「ライブプレビュー開始時に呼ばれる処理」「ライブプレビュー終了時に呼ばれる処理」で行っているのは、メモリの取得と開放です。

「フレーム取得時に呼ばれる処理」のメソッドの中身が、目的に応じて記述するところです。今回は練習なので、グレースケールの映像を二値化するというだけの処理が書いてあります。

続いて「ThetaView」クラスのインスタンスを作成しライブプレビューの開始と終了するコードを書き加えます。

まず、インスタンスを格納する変数を「MainActivity」クラスの先頭に定義しておきます。

```java
private ThetaView mOpenCvCameraView;
```

そして、「onCreate」の末尾でインスタンスの生成と初期化をします。先に説明した「notificationCameraClose()」のあとに行うようにしてください。

```java
@Override
protected void onCreate(Bundle savedInstanceState) {
    ～省略～

    notificationCameraClose();

    mOpenCvCameraView = (ThetaView) findViewById(R.id.opencv_surface_view);
    mOpenCvCameraView.setVisibility(SurfaceView.VISIBLE);
    mOpenCvCameraView.setCvCameraViewListener(this);
}
```

続いて、ライブプレビューの開始ですが、先に説明したOpenCVのロードが終わったあとに行わなければなりません。次のようなコールバック関数を定義しておきます。

```
private BaseLoaderCallback mLoaderCallback = new BaseLoaderCallback(this) {
    @Override
    public void onManagerConnected(int status) {
        switch (status) {
            case LoaderCallbackInterface.SUCCESS:
                mOpenCvCameraView.enableView();
                break;
            default:
                super.onManagerConnected(status);
                break;
        }
    }
};
```

　そして、「onResume」にてOpenCVのロードが確実にできたところでコールバック関数を呼んでライブプレビューを開始します。「Log」の引数「TAG」はString型でお好みの文字列を定義してください。このクラス固有の固定値なので「private static final」も付けておくとよいでしょう。

```
@Override
protected void onResume() {
    super.onResume();
    if (!OpenCVLoader.initDebug()) {
        Log.d(TAG, "Internal OpenCV library not found.");
    } else {
        Log.d(TAG, "OpenCV library found inside package.");
        mLoaderCallback.onManagerConnected(LoaderCallbackInterface.SUCCESS);
    }
}
```

　最後に、ライブプレビューの終了に関するコードです。
　ライブプレビューの終了とRICOH THETA Plug-in Libraryの「Close」メソッドの実行を行います。
　ここでちょっとコツが必要になります。先の説明で「onPauseでCloseメソッドを呼ぶ」と説明したのですが、まれにCloseが失敗することがありました。そこで、プラグイン終了操作である「Mode」ボタン長押し操作が行われたときにも、Closeする機会を与えリカバリーすることにしました。
　まず、終了処理を2回呼ばないようにするためのフラグを「MainActivity」クラスの先頭に定義します。

```
private boolean isEnded = false;
```

　続いて、終了処理をまとめたメソッドを次のように準備しておきます。「MainActivity」クラスの末尾あたりに書いておくとよいでしょう。

```
private void closeCamera() {
    if (isEnded) {
        return;
    }
    if (mOpenCvCameraView != null) {
        mOpenCvCameraView.disableView();
    }
    close();
    isEnded = true;
}
```

このメソッドを、「Mode」ボタンが長押しされたら呼びます。

```
setKeyCallback(new KeyCallback() {
～省略～

    @Override
    public void onKeyLongPress(int keyCode, KeyEvent keyEvent) {
        if (keyCode == KeyReceiver.KEYCODE_MEDIA_RECORD) {
            Log.d(TAG, "Do end process.");
            closeCamera();
        }
    }
});
```

また、「onPause」でも呼びます。

```
@Override
protected void onPause() {
    closeCamera();
    super.onPause();
}
```

　コードの編集は以上です。ビルドして実行してみましょう。実行前にVysorを使ったパーミッション付与を忘れないようにしてください。
　VysorからTHETAプラグインを起動すると仮想画面に2値化された映像が次のように表示されれば成功です。

05

ラ
イ
ン
ト
レ
ー
サ
ー
（
黒
線
認
識
と
Ｐ
Ｉ
Ｄ
制
御
）
〜
事
例
2

127

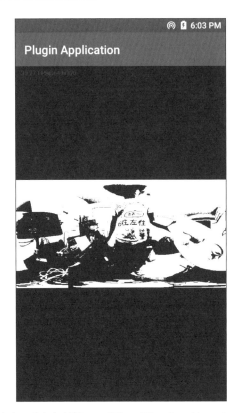

うまくいかなかった方、ご安心ください。「ThetaView.java」に、フレームレート指定のコードが数行ない程度の些細な違いはありますが、GitHubに同じことを行っているプロジェクトファイル一式が公開されています。

URL https://github.com/theta-skunkworks/
　　　theta-plugin-opencv-preview-sample

このコードと差分を比べながら、自身のコードを動かせるまでチャレンジしてみてください。

▦ 画像処理フロー（二値化、抽象化、黒線認識）

ここからライントレースするための説明です。本章の先頭に掲載した全体図の「画像処理に関する事項」を次の順番で説明します。

1 Equirectangularのおさらい

2 二値化（OpenCV利用）

3 オープニング（収縮→膨張処理）による抽象化（OpenCV利用）

4 黒線の位置認識（独自処理）

▶ Equirectangularのおさらい

RICOH THETAの周囲と、得られるEquirectangular形式の画像の関係は次のようになっています。

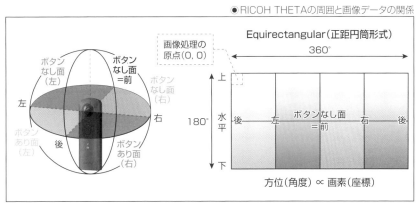

● RICOH THETAの周囲と画像データの関係

今回、CameraAPI+OpenCVを使って1フレームずつ取得する映像も、この形式を指定しています。

RICOH THETAは3840×1920で30fpsまでの指定が行えますが、ライントレーサーにそれほど高解像度な情報は不要なので「画像サイズを横640×縦320pixel」「フレームレートを15fps」と指定しています。それでも映像の角度分解能は360°÷640pixel=0.5625（°/pixel）あります。

▶ 二値化（OpenCV利用）

明るい下地にある黒い線をトレースできればよいので、処理を軽くするため二値化をしています。

123〜128ページに示した例では、二値化する際の輝度閾値を輝度がとりうる範囲の真ん中（127/255）としています。

```
Imgproc.threshold(gray, mOutputFrame, 127.0, 255.0, Imgproc.THRESH_BINARY);
```

事例2のコードでは、輝度閾値をちょっと暗めの値、輝度がとりうる範囲の1/4程度（64/255）としています。

```
Imgproc.threshold(gray, mOutputFrame, 64.0, 255.0, Imgproc.THRESH_BINARY);
```

暗めにすると黒線の下地が白でなくても黒線認識がしやすくなります。

しかし、暗くしすぎてもちょっとしたライティングの変化で黒線が途切れて認識されたりもしますので映像を見ながら調節したほうがよいでしょう。

▶ オープニング（収縮→膨張処理）による抽象化（OpenCV利用）

筆者はあまり詳しくないので、細かなことは下記の「OpenCV-Pythonチュートリアル（日本語訳版）」を参考にするとよいでしょう（コードはPythonですが処理の解説がわかりやすいです）。

URL http://labs.eecs.tottori-u.ac.jp/sd/Member/oyamada/
OpenCV/html/index.html#

黒線の中に細かな白い点のノイズが出たときの対策として、モルフォロジーの中でもオープニングの処理を採用しました。

ついでに、できるだけ極端なノイズ除去をすることでシンプルな映像にすることも狙っています。そのため、「抽象化」としています。

ソースコードからの処理の呼び出し方は次のようになります。

```
// Morphology (Opening)
Imgproc.morphologyEx(mOutputFrame.clone(), mOutputFrame, Imgproc.MORPH_OPEN, mStructuringElement);
```

この中の「mStructuringElement」というオブジェクトが「構成要素」と呼ばれている入力値です。今回は9×9を指定しました。

```
mStructuringElement = Imgproc.getStructuringElement(Imgproc.CV_SHAPE_ELLIPSE, new Size(9,9));
```

この値を「なし」→「3×3」→「9×9」→「15×15」と変化させたときの映像の違いを下記に掲載しておきます。

●モルフォロジーなし

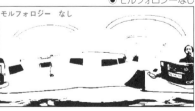

●構成要素3×3

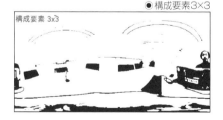

05
ラインレーサー（黒線認識とPID制御）〜事例2

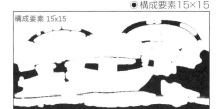

●構成要素9×9　　　　　　　●構成要素15×15

「抽象化」の目的からすると気持ちとしては15×15を指定したかったのですが、実効フレームレートが6.7fps程度までしか出せませんでした。9×9まで構成要素を小さくしたところで15fpsが出せたので9×9を指定しています。

この処理が今回の処理で最も処理時間を要しています。

▶ 黒線の位置認識（独自処理）

前進優先で探索を早めに打ち切る簡易処理（意図的手抜き処理）です。

●黒線の位置探索　処理概要

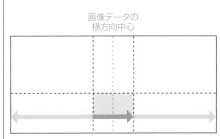

画像データの
横方向中心

(1)中央付近進行方向探索

(2)中央付近以外回転方向探索

(3)離れている黒線を探索

　(3)-1：進行方向探索を1pixelづつ遠方へ

　(3)-2：回転方向探索を1pixelづつ遠方へ

- 基本は(1)中央付近進行方向探索で動作する
- 急すぎるカーブ、鋭角なカーブで(2)中央付近以外回転方向探索を行う
- 線をまたいでない時に(3)離れている黒線を探索を行う

※補足　つまるところ、ライントレース中は1ラインしか見ていない簡易探索です。
　　　　（大抵は、その1ラインの中でも、進行方向とした幅までしかみていません）

この段階で処理する画像は白=255、黒=0の二値になっています。

図中矢印の方向へ輝度値をチェックして「白→黒と変化した位置」「黒→白と変化した位置」の中央を、「黒線の中央」と見なしています。回転方向の探索の場合、右側と左側のどちらも中央寄りから探索して両側に黒線が見つかった場合には中央に近いほうを採用しています。

黒線幅のチェックを基本していません。これは、十字路や鋭角コーナーなど、線が交わる箇所では線が太くなることと、一本線であっても断面を斜めにとると幅が太いと認識するためです。

次のような目の粗い破線のコーナーで、まれに認識を誤ることがあったため、局部的に最小値チェックをしている箇所はあります。対症療法的コードでなので処理を見直したほうがよいと思います。

　このような簡易処理でも、パーマセルで作った幅（26mm）の黒線をなんの問題もなく追えていますし、机と机を接して並べたときの繋ぎ目など、わりと細い黒線も追えています（今回、あまり細い線は追いかけたくないけれども……）。

▶ 簡略化した処理とその弊害

　「Equirectangularのおさらい」「二値化（OpenCV利用）」「オープニング（収縮→膨張処理）による抽象化（OpenCV利用）」の、より詳細な処理は説明を省きます。

　説明を省く処理の中でも（意図的に）手を抜いたためにわずかな弊害を起こしている点をTips的に記載しておきます。もし似たようなことをする方がいらっしゃった場合は、判定処理を改善して使用してください。

● 前進判定閾値をちょっと広げる必要アリ

　動画のコースの2箇所で、まれに前進判定でなく回転判定になってしまう箇所があります。前進判定する幅を少し広げると解決します。

◉ 前進認識をさせる幅不足による誤認識動作箇所

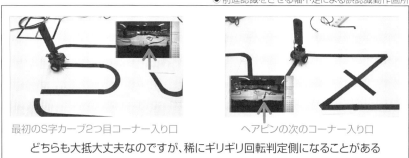

最初のS字カーブ2つ目コーナー入り口　　　ヘアピンの次のコーナー入り口

どちらも大抵大丈夫なのですが、稀にギリギリ回転判定側になることがある

● 特殊なケースで、十字路と鋭角コーナーに対応していない

「15fpsで通り過ぎるときの1フレーム」などレアなケースですが、前進認識判定をする境界で（左端=白、右端=黒）（左端=黒、右端=白）のとき、中央優先としていない判定処理となっていました。十字路などは減速しなくてもよいのに減速判定になるなどの症状が出ています。

● 前進認識の境界を黒線が跨ぐ時の誤判定

鋭角コーナークリア

交差する線もクリア

十字路通過過程の1フレーム　　　　二回目の鋭角コーナー通過過程の数フレーム

境界付近の黒線を先に判定し処理を打ち切っているための誤判定
中央付近も探索して、トレードオフする必要があります。

● 後ろの繋ぎ目をまたぐ黒線があった場合、処理を省略している

Equirectangularの右端→左端や左端→右端をまたぐ黒線があっても端で処理を打ち切っています。回転処理をするときの微妙な回転不足になりますが、わずかなので問題としてはあまり見えません。気になる方は修正してください。

||| 制御量の算出（PID制御、加速制御、左右差、回転）

本章の先頭に掲載した全体図の「制御処理に関する事項」を次の順番で説明します。

1 操舵（PID制御）

2 加減速（台形制御）

3 左右差の緩和

4 回転

▶ 操舵（PID制御）

制御工学において古典制御と呼ばれる基礎です。多様な物事で今なお用いられている王道のような手法ともいえます。技術に関することで「古典」という日本語を使うと「古い」と連想してしまうかもしれませんが、このケースは違います。音楽でいうところの「クラシック」的な意味合いです。

式は次のようになります。

制御量 = Kp×ズレ量 + Ki×ズレ量の積分 + Kd×ズレ量の微分

今回、ズレ量の単位は「pixel」です。積分と微分で扱う時間の単位は「秒」です。

pixel∝角度であり、1pixel=0.5625度です。「度」と「秒」の単位系でPID制御をする他のライントレーサー事例と比べKpの値は1.78倍程度大きな数値となります。

Kpの項は、ズレ量に比例しただけ制御量を加えますという主成分です。Kiは小さな値です。この項は、継続する小さなズレ（オフセット）を取り除くよう働きます。Kdも小さな値です。この項は、ズレに大きな変化があったときにズレを早めに打ち消すよう働きます。

Kp、Ki、Kdの各数値を決定するところがPID制御の要です。決定方法については、後半の139ページで説明します。

1つの演算結果を、どのように左右のモータへ振り分けたかは下図の通りです。

●左右輪への制御量割り付け方（左右差を考慮しない段階）

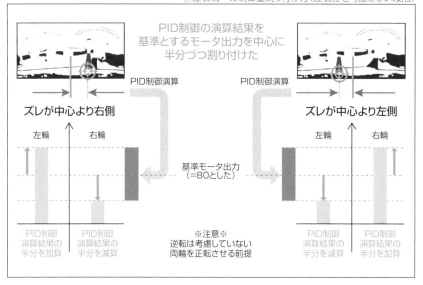

等速前提です。基準モータ出力はゼロからいきなり出力を加えても姿勢を崩さない程度の数値です（エイヤッ!で80としました）。

● 簡略化した処理とその弊害

前進を前提としています。バックや左右逆回転までは考慮していない設計です。

M5 BALAに搭載されているギヤードモータ（ギヤ付きDCモータ）は、たとえば出力値を20と指示しても、無負荷状態ですら回りません。このような下限チェックも手抜きしています。

このため、トレッド幅のコーナーを回れるものの、コーナーリング中に内側のモータが回ってないことがあります。

「RICOH THETAや固定具などを搭載した状態で回転できる最小出力値」で下限チェックを入れたほうが好ましい動作になると思われます。

▶ 加減速（台形制御）

先の図で、基準モータ出力を下限として数値を上下させているだけです。また、この段階でも左右差は考慮していません。

理想は台形のグラフですが、実際はデジタル信号処理（離散化した処理）なので直線ではなく階段状になります。

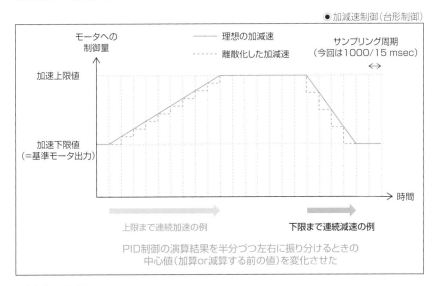

● 加減速制御（台形制御）

● 加減速の勾配

今回、加速勾配と減速勾配を次のようにしました。

- 加速勾配：ウィリーしない程度緩め（1サンプリング周期あたり12加算）
- 減速勾配：最高速から減速しても前に倒れたりしない範囲でキツめ（1サンプリング周期あたり32.5減算）

このあたりは目的に応じてお好みで決めてください。

加速の上限値は、139ページで説明する「左右差」を考慮した値としてあります。

基準モータ出力に左右差の補正係数を考慮した値（の大きいほう）が、モータ出力上限値の255を越えないように値を決定してください。超えてしまうと直進を維持できなくなるためです。直進を維持するため幾らかのPID制御量も加わることを考慮してマージンを持っておくこともお忘れなく。

● 加減速の条件

今回の加速条件は複数設定してありますが、大切なのは次の2点です。

- 加速条件1：PID制御の微分成分が少ないこと
- 加速条件2：黒線探索範囲よりちょっと遠方のチェック

その他の条件は、「加減速モードがON」「停止処理中ではない」「前進処理の1回目ではない」「左右差の緩和の黒線探索で遠方検索した結果ではない」と細かなものです。

加速条件を満たさないときは減速処理を行うようにしてあります。

少々話しが逸れますが、「加減速モード」のON/OFFを設けているのはPID制御パラメータや左右差の補正係数を決定するときのためです。

加速条件1については、わかりやすいと思うので説明を割愛します。加速条件2については、131ページの図にある「(1)中央付近進行方向探索」の処理を黒線認識幅より少し遠方位置に対して行って、その結果、進行方向探索より幅の狭い範囲に黒線がいるときは加速するようにしています（ここも「意図的手抜き」をしています）。

05
ライントレーサー（黒線認識とＰＩＤ制御）〜事例2

加速判定では
この辺を見ている

この条件は、加速のためというより「最高速度でカーブに突入しても適切に減速させるため」の条件です。

● 簡略化した処理とその弊害

131ページの図にある「(1)中央付近進行方向探索」の処理は、前方とする範囲の左端から探索をはじめ、白→黒→白となるエッジを1セット見つけてしまうと処理を中断するような簡略処理としています。

この処理を加速判定に利用したため、車体の左側に机の谷（外側）が近くなる直線を走行させると「直線が前にあるにもかかわらず加速しない」という現象が起こります（机の谷を検出した段階で処理を打ち切って、本来の黒線を探していない）。

動画の次のシーンは、机のフチ付近で加速を続けられる直線の限界くらいです。

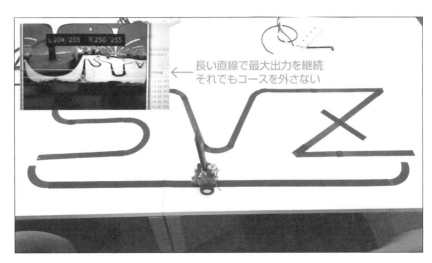

長い直線で最大出力を継続
それでもコースを外さない

安全といえば安全かもしれませんが当初意図してなかった動作でした。このようなことが問題になる場合には、処理を修正してください。

▶ 左右差の緩和

事例1を動作させた方はお気付きかもしれません。私が所持しているM5 BALAは、左右に同量のモータ出力を指示しても右曲がり傾向があります。実は、もう1台、別のM5 BALAを動かしているのですが、同じ設定でもっと右に曲がります。世の中には左曲がりの固体もあるかもしれません。これは自然なことです。

このような個体差をできるだけ緩和する対策を行っています。

基本的には、次のような出力の仕方で、できるだけ真っ直ぐ走れる補正係数を探ります。

- 左輪 = 基準モータ出力
- 右輪 = 基準モータ出力×補正係数

●左右差の緩和

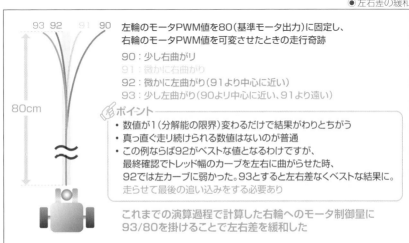

93 92　　91　 90

左輪のモータPWM値を80（基準モータ出力）に固定し、右輪のモータPWM値を可変させたときの走行奇跡

90：少し右曲がり
91：微かに右曲がり
92：微かに左曲がり（91より中心に近い）
93：少し左曲がり（90より中心に近い、91より遠い）

80cm

☞ポイント
- 数値が1（分解能の限界）変わるだけで結果がわりとちがう
- 真っ直ぐ走り続けられる数値はないのが普通
- この例ならば92がベストな値となるわけですが、最終確認でトレッド幅のカーブを左右に曲がらせた時、92では左カーブに弱かった。93とすると左右差なくベストな結果に。
走らせて最後の追い込みをする必要あり

これまでの演算過程で計算した右輪へのモータ制御量に93/80を掛けることで左右差を緩和した

次ページで調整用のWebUIの画面を説明しますが、そこで、Kp、Ki、Kdをすべてゼロ、加速制御なしとすると、この動作をさせることができます。

補正係数を変えては動作確認する作業を繰り返して適切な値を探るわけですが、モータ出力は整数なので、あらかじめ試したい補正係数をExcelなどで計算しておくと無駄な数値を試すことなく作業を行うことできます。

このようにして決定した補正係数は、モータ出力を決定する最後で演算しています（PID制御量などにも、まるっと左右差が考慮される設計としています）。

▶ 回転

黒線の位置認識をした結果、回転動作をさせるときがあります。

このとき、左右のモータには「絶対値は同じ」「符号違い」の出力を次の時間だけ駆動させています。左右差は考慮していません。

> 回転駆動時間 ＝ 180°回転する時間×（中心からのズレ量[pixel]÷320[pixel]）

今回、回転させるときのモータ出力絶対値は128としています。このとき180度回転する時間は745msとしています。個体によって異なる値なので実験して確かめてください。どちらも「パラメータ調整」の章で説明する調整用のWebUIから変更することができます。

なお、停止した状態から、モータに指示を出し、実際に回転動作を始めて等速に至るまでには、いくらか時間を要します。どの角度でも比例の関係が成り立っているわけではありませんが、1回の回転動作後、次の制御を行うときには前進判定になればよいので厳密な時間を計る必要はありません。

さらに、回転動作の前後では、停止してから車体の姿勢が安定するまでの待ち時間を設けています。この待ち時間は、安全に見積もって220msとしていますが、もっと短くすることも可能です。

その際の限界値は、Android Camera APIでステッチされたフレームを取得したときのレイテンシよりは長くしなければなりません。フレームレートとの関連もあります。

おおむね15fpsとしたときの2フレーム分の時間＝1000÷15×2≒133.3msecとしてもレイテンシは感じられず、1フレーム＝1000÷15≒66.6msecとするとレイテンシの影響で回転不足が生じました（2回の回転動作をするようになります）。

だいたいの勘所として「100msよりは長く130msよりは短いレイテンシ」だと思われます。参考までに掲載しておきます。

▐▐▐ パラメータ調整（回転係数、左右差、限界感度法）

　M5 BALAの個体差は大きく、私と同じパラメータで動作させても、同じような滑らかなライントレースは行われないと思われます（直線でもうねうねと曲がったり、途中止まったりしながらのライントレースはすると思いますが……）。

　そこで、WebUIから、個体差を吸収するために必要な最小限の項目を変更できるようにしました。PID制御のパラメータ決定作業については10倍くらい作業効率上がります。

● パラメータ調整用のWebUI

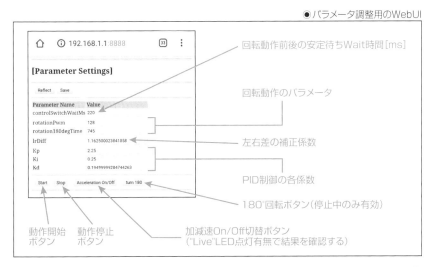

回転動作前後の安定待ちWait時間[ms]

回転動作のパラメータ

左右差の補正係数

PID制御の各係数

180°回転ボタン（停止中のみ有効）

動作開始ボタン
動作停止ボタン
加減速On/Off切替ボタン
（"Live"LED点灯有無で結果を確認する）

　余談となりますが、「左右差の補正係数」は1.1625、「Kd」は0.195としているのですが、妙に多い小数点下位桁まで表示されています。

　これは、HTMLの数値入力フィールドのデータ型がfloat、内部処理ではdoubleで数値を扱っていることの差異が見えてしまっているためです。ご容赦ください。

　画像処理の前進回転判定の境界線や加減速の勾配や上限値などなど、もう少し弄れるようにしたほうがよい項目もあると思います。ご自身で拡張してください。

　パラメータ調整の作業順は次の通りです。

1 回転動作のパラメータ決定

2 左右差の補正係数決定

3 限界感度法によるPID制御係数（暫定値）決定

4 最終調整

　1と**2**については説明済みです。ここでは残りの項目について説明します。

▶ 限界感度法によるPID制御係数（暫定値）決定

限界感度法は、PID制御の3つのパラメータを決める"知見"の1つです。

ライントレーサーでは次の手順を行います。

1 P制御だけ（Ki、Kdを0として）をさせ、直線で振動動作をするKuを探り、振動周期Pu（秒）を測定しておく

2 Kp=0.6*Ku、Ki=0.5*Pu、Kd=0.125*Puの式に当てはめる

　真面目に「限界感度法」を調べると、『ライントレーサーにおける「ステップ応答」とはなんぞや?』という点で悩みがでるのかと思います。

　今回は、50cm程度の直線コースを作り、わざと端にきたときの回転不足を生じるようにしておき、繰り返し往復動作をさせて振幅を維持した振動になるKpを探る手順としました。

　Kpが小さければ振幅が収束していきますし、Kpが多すぎれば振幅が広がり、さらにはたびたび回転動作をするようになります。

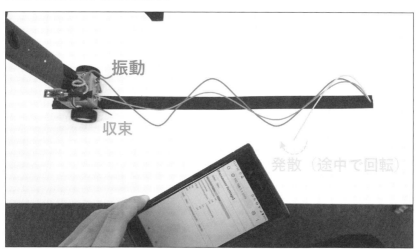

　私の固体では、Kp=3.0、Ki=0.0、Kd=0.0のとき、振幅を維持した振動になりました。このときの振動周期Puはおおよそ1.1秒程度でしたので、次のようにKp、Ki、Kdを仮決めすることができました。

- Kp = 0.6 × 3.0 = 1.8
- Ki = 0.5 × 1.1 = 0.55
- Kd = 0.125 × 1.1 = 0.1375

　時間の測定はビデオ撮影をするのが一番楽で確実だと思います。30fps程度の動画の時間分解能で問題ありません。

▶最終調整

　限界感度法で決めた数値は、固定の目標値に対して制御中に外乱が生じたとき、「できる限り短い時間で目標値に戻る」設定です。「できる限り短い時間で目標値に戻る」ときにはオーバーシュートも厭わないという設定のため、ライントレーサーに適用すると、直線を維持するにはよい設定なのですが、コーナーを曲がる際には車体の挙動が怪しくなります。

　ライントレーサー向きの数値と比較すると、Kp少なめ、Kiが多めになっているので、コーナーのあるコースを走らせながら程よい値に調節していくのが最終調整となります。

　ライントレーサーにおける限界感度法や最終調整については、下記のリンクの記事や動画がわかりやすいと思います。

> URL https://monoist.atmarkit.co.jp/mn/articles/
> 1007/26/news083.html

　筆者の車体では、次のようにしました。

項目名称	最終調整結果
Kp	2.25
Ki	0.25
Kd	0.195

　もう少し追い込めたかもしれませんが、だいたいのコースに、「ソコソコ」適用できるあたりで調整を打ち切っています。

Arduino側ソースコードのポイント解説

　事例1と比べ、事例2ではTHETAプラグイン側でモータの制御量を決定するため、Pro Micro側で行う処理が減っています。また、THETAプラグインから連続して指示がある場合には滑らかにモータを回し続け、THETAプラグインに何らかの異常があり、通信が50msec以上途絶えたときには停止するような仕組みを入れました。

　ソースコードは、事例1と同じようにTHETAプラグインのプロジェクトファイル一式とともに公開してあります。

URL https://github.com/theta-skunkworks/theta-plugin-m5bara-
fpv-linetracer/arduino/LineTracerBase/LineTracerBase.ino

　関数一覧は次の通りです。

No	関数名称	説明
①	void setup()	Arduinoの定型起動処理。事例1と同じ
②	void loop()	Arduinoの定型メインループ。事例1とほぼ同じ構造だが、コマンド体系が少し変わっている点、指示が途絶えるとモータを停止する点が異なる
③	String serialRead()	シリアル通信の受信を行う。事例1と同じ
④	int splitParam2(String inStr, int *param1, int *param2)	シリアル通信で受信したコマンドのパラメータを分割する。事例1のsplitParamと同じだが、パラメータ数が2つのコマンド用なので名称を変えた
⑤	int splitParam3(String inStr, int *param1, int *param2, int *param3)	シリアル通信で受信したコマンドのパラメータを分割する。splitParam2と同じ構造で、パラメータ数が3つのコマンド用
⑥	void setMotor (int16_t pwm0, int16_t pwm1)	2つのモータへ駆動指示を行う。事例1と同じ
⑦	void stop()	事例1と比べ、本関数内でsetMotorを呼び出している点が異なる
⑧	void move_t(int16_t pwm0, int16_t pwm1, uint16_t duration, bool stopEna)	モータの駆動量、駆動後の待ち時間、待ち時間経過後のstop有無を指定できる

▐▐▐ コマンド体系

　THETAプラグインからPro Microへ送信するコマンド(=Pro Microで解釈しなければならないコマンド)の一覧を下記に示します。

No	コマンド	説明(関数との対応)
①	go	テスト用コマンド。「move(80, 1000)」を実行する
②	set 引数1 引数2	「setMotor (引数1,引数2)」を実行する。本コマンド実行後、50msec以上放置されると停止する。動作テスト用に残している
③	shake 引数1 引数2	次の動作を行う ・200msec停止 ・引数1の駆動量で200msec前進駆動 ・引数1の駆動量で「引数2」msec後進駆動 ・200msec停止 車体を揺さぶり前傾姿勢に戻すために作成した動作。後転倒防止部材がL字LEGOパーツであるときは前傾姿勢が維持できるので不要なコマンド。カスタマイズ用に残してあり
④	mov_s 引数1 引数2 引数3	引数1、引数2で左右輪の駆動量、引数3で駆動時間を指定する。上記の動作が終わったあと、acceptを返し停止する
⑤	mov_w 引数1 引数2 引数3	引数1、引数2で左右輪の駆動量、引数3で駆動時間を指定する。上記の動作が終わったあとacceptを返すが停止しない。acceptからさらに50msec以上放置されると停止する
⑥	その他の入力	空白以外の入力で1～7に該当しないものはすべて「stop()」を実行する。空白は無処理になる

　ライントレースのために使用しているコマンドは④と⑤だけです。事例1と比べてPro Microの役割は通信変換に徹しています。しかし、THETAプラグイン側(Androidのような高度なOSにおけるアプリケーション)では、1msec刻みの時間管理は困難なので、モータ制御の時間にまつわる部分はPro Microが担っています。

　事例1を経験していれば細かな説明は不要と思います。コードを掲載してまでの説明はしません。

05 ライントレーサー(黒線認識とP-ID制御)～事例2

RICOH THETA側ソースコードの ポイント解説

この事例のソースコード（プロジェクトファイル一式）は、次のGitHubリポジトリにおいてあります。

URL https://github.com/theta-skunkworks/
theta-plugin-m5bara-fpv-linetracer

ソースコードのファイル構成は次の通りです。

128ページで示した、GitHub公開済みサンプルプロジェクトをもとに手を加えています。

```
theta-plugin-m5bara-fpv-linetracer\app\src\main
├assets              // WebUIを構成するJavaScriptなどがあります。
└java\com\theta360
  └opencvpreview     // MainActivity.javaとThetaView.javaがあります。
    ├model           // ベースとしたプロジェクトのままです。
    ├network         // ベースとしたプロジェクトのままです。
    ├oled            // Oled.javaが追加してあります。先に説明した内容のままです。
    └task            // ベースとしたプロジェクトのままです。
```

OpenCVの取り込み方やOpenCVの「JavaCameraView」クラスを利用したライブプレビュー取得方法については、すでに説明してあります。以降では、その他の事項について説明します。説明する事項は「MainActivity.java」に詰め込まれています。長いコードで申し訳ないのですが、役割ごとに記述ブロックがわかれているので理解できると思います。

▐▌▌画像処理フロー関連

123〜128ページにて説明した通り、周期的な画像処理の入り口となるメソッドは、「onCameraFrame」です。そこから呼ばれる画像処理関連のメソッドは下記となります。

No	メソッド名称	説明
①	drawColorResult()	カラー画像にデバッグ情報を描画する処理
②	setPwmColor()	カラー画像に左右のモータ出力を描画する処理
③	drawBWResult()	二値画像にデバッグ情報を描画する処理
④	searchForwardArea()	131ページの「(1)中央付近進行方向探索」や「(3)-1進行方向探索を1pixelずつ遠方へ」の処理
⑤	searchRotationalDirection()	131ページの「(2)中央付近以外回転方向探索」「(3)-2回転方向探索を1pixelずつ遠方へ」の処理
⑥	searchLeftDownUpEdge()	画像の左方向へ「白→黒→白」と変化する位置を探し、黒線中心値を返す
⑦	searchRightDownUpEdge()	画像の右方向へ「白→黒→白」と変化する位置を探し、黒線中心値を返す
⑧	searchLeftUpEdge()	画像の左方向へ「黒→白」と変化する位置を探し、エッジの位置を返す
⑨	searchRightUpEdge()	画像の右方向へ「黒→白」と変化する位置を探し、エッジの位置を返す

　モルフォロジーをかけるときの構成要素「mStructuringElement」はOpenCVが使えるようになってからでないと初期化(メモリ確保を含む)できないため、「onCameraViewStarted()」で実施し、「onCameraViewStopped()」でメモリの開放を行っています。

```
public void onCameraViewStarted(int width, int height) {
    mOutputFrame = new Mat(height, width, CvType.CV_8UC1);
    mStructuringElement = Imgproc.getStructuringElement(Imgproc.CV_SHAPE_ELLIPSE, new
Size(9,9));    //15fps OK
}


public void onCameraViewStopped() {
    mOutputFrame.release();
    mStructuringElement.release();
}
```

　129〜133ページの説明とメソッドの対応がとれると思うので、コードを掲載してまでの説明はしません。

▌▌制御量算出関連

　モータ制御に関するメソッドは下記となります。

No	メソッド名称	説明
①	resetControlParam()	PID制御パラメータを初期化する処理
②	controlBala()	制御に関する処理のメイン。「onCameraFrame」内で黒線認識が終わったあとに呼ばれる
③	controlForward()	前進に関する処理がまとまっている
④	controlRotation()	回転に関する処理がまとまっている
⑤	controlWait()	モータ出力をゼロ指定したときの「mov_w」コマンドの振る舞いを利用し、1ms単位の通信waitをするための処理

　133〜138ページの説明とメソッドの対応がとれると思うので、コードを掲載してまでの説明はしません。

▌▌シリアル通信関連

　事例1と同じように、スレッドで周期動作を行い、制御量算出処理が設定したコマンド送信要求があると、Pro Microにコマンドを送信します。

```
// シリアル送信(制御コマンド) -> 受信(応答チェック)
if (sendReq == true){

    if ( (pwmMotor0>=0) && (pwmMotor1>=0) ) { // 前進
        String setCmd = ""mov_w ""
            + String.valueOf(pwmMotor0)
            + "" ""
            + String.valueOf(pwmMotor1)
            + "" ""
```

05

ライントレーサー(黒線認識とPID制御)〜事例2

```
            + String.valueOf(driveTimeMs)
            + ""\n"";
        port.write(setCmd.getBytes(), setCmd.length());
        Log.d(TAG, ""Ctrl T:"" + setCmd + "", ms="" + String.valueOf(driveTimeMs));
        readWait(1000);
    } else { // 回転
        String setCmd = ""mov_s ""
            + String.valueOf(pwmMotor0)
            + "" ""
            + String.valueOf(pwmMotor1)
            + "" ""
            + String.valueOf(driveTimeMs)
            + ""\n"";
        port.write(setCmd.getBytes(), setCmd.length());
        Log.d(TAG, ""Ctrl T:"" + setCmd);
        readWait(1000);
    }

    sendReq = false;
}
```

　前進させるときには連続駆動を行うため「mov_w」コマンドを、回転するときには動作の前後で停止を行うため「mov_s」コマンドを発行しています。

　「readWait()」は、コマンド発行後の「accept」受信を監視する処理です。

　「onResume」や「onPause」の可読性を上げるため、シリアル通信の開始、終了処理をそれぞれ、「usbSerialOpen()」「usbSerialColse()」にまとめてあります。内容は、事例1と同じです。

　最後に、コードの説明ではないのですが、シリアル通信のパーミッションに関する注意点を掲載しておきます。

　事例1と事例2は、同じPro Microと通信するTHETAプラグインですが、どちらか一方にしか「ALWAYS」のパーミッションを与えることができません。

　事例1を動作させたあと、事例2のパーミッションを98ページの手順に従って付与するときは右図のような表示になると思います。

　事例2を動かすときは「M5 BALA Line Tracer360」の方を選択して「ALWAYS」を押してください。再び事例1を動かすときは、パーミッションを与え直してください。

WebUI関連

事例1と異なり、Webサーバーの処理も「MainActivity.java」に記述しています。ファイルを分けるとコールバックの処理が多くなり、処理の流れを追いにくくなるかもしれないと思い、このような形式をとりましたが、コードが長くなりすぎてしまったのでファイルをわけて整理したほうがよいと思います。

「WebServer」クラスには次のメソッドが記述されています。

No	メソッド名称	説明
①	WebServer	コンストラクタ
②	Serve	サーバーのメインルーチン的役割。受信したuriに応じて、処理を分岐する
③	getPostData	JSON形式のコマンドを分解する
④	parseBodyParameters	フォームで送られてきたデータを分解する
⑤	servePreviewFrame	「onCameraFrame」末尾で保存した、最新の映像をWebUIへ送る
⑥	serveAssetFiles	「assets」フォルダに置いたファイルを返す
⑦	serveHtml	uriが正しい場合に、⑩により生成されたHTMLを返す
⑧	execButtonAction	WebUIのボタン操作に応じた動作を行う
⑨	reflectParam	⑧から呼び出され、WebUIのフォームに入力されていた各値を、制御部が参照している変数へ反映する
⑩	editHtml	WebUI画面全体を生成する
⑪	editParameterList	⑩から呼び出され、WebUIの中で制御パラメータを含む部分を生成する

大きな構造は事例1と同じです。事例1と異なるのは、次の2点です。

- assetsにHTMLファイルを置かず、プログラムでHTMLを動的に生成している
- HTMLのフォームという仕組みを使い、画面に現在の制御パラメータを反映したり、画面に入力された数値を受け取ったりしている

表の説明があればコードを読み解けると思います。コードを掲載してまでの説明はしません。

制御パラメータの保存と復帰

THETAプラグイン終了時に制御パラメータを保存し、起動時に復帰する処理をAndroidのsharedPreferencesという仕組みを利用して実装しています。

保存が「saveControlParam」、復帰が「restoreControlParam」というメソッドにまとめられています。簡単で利用しやすい便利な仕組みなので、他のプラグインを作るときにも利用するとよいでしょう。細かな説明は割愛します。

まとめ

この事例によって、次のことができるようになったはずです。

- AndroidアプリのJavaからOpenCVを利用する
- OpenCVの「JavaCameraView」を利用し、Android Camera APIの連続フレームを取得する
- 画像処理の結果からモータ制御量を算出し制御する
- ライントレーサーにおけるPID制御と制御パラメータの調整を理解する

　もっと大枠では、「映像（連続フレーム）から外界を認識し、外界にあわせてモータを制御する」という自動制御が行えるようになったわけですが、事例3では、技術要素を変えて同じようなことを行い、RICOH THETAの可能性をもっと感じていただきたいと思います。

　具体的には、次のような内容です。

- ライントレーサーですと、外界といっても黒線をひいたコースに沿ってしか走れませんし、下方しかみていませんでした。もっと全方位を見て動けるようにします。機械学習のツールの中でもTensorFlow Liteを利用した物体認識を行い、特定物の方位や大きさに応じた動作をさせてみましょう。
- 全方位を対象に特定物を追尾する過程で、Equirectangular形式画像の回転方法、NDK（C/C++）からのOpenCV利用方法、RICOH THETAの姿勢情報利用方法を学んでみましょう。
- 車体との通信に関して、USBシリアル通信は、組み立てが面倒ですし、RICOH THETA固有事情によって開発者モードでしか使えない方法でした。開発者モードでなくても利用でき、無線LANと併用可能な別の無線通信Bluetooth SPP使ってみましょう。
- モータ制御に関して、2輪車から4輪車、しかもメカナムホイールという不思議な動作をする車体を制御してみましょう。

　難易度がさらに上がりますが、公開されているサンプルを動かすところからはじめ、要素を抜き出して少しずつ理解していけば大丈夫です。あきらめずにトライしてみてください。

CHAPTER 06

物体認識で動く
メカナムホイール車
～事例3

全体説明

　この事例では、機械学習の物体認識をRICOH THETAで動作させ、特定の物体(今回はバナナとしました)を認識した方向や大きさに応じて、メカナムホイール車を制御します。

　利用している物体認識の認識範囲には限りがありますが(今回は、認識率を上げることを考慮し、映像全面に認識処理を行わないようにしました)、認識エリアを全方位に追従させます。その際、Equirectangular形式の画像を回転させながら追従を行います。RICOH THETAの姿勢情報も利用し回転させるのですが、RICOH THETAがどんな姿勢であっても上下を整えたり、映像の方位も一定に整えたりする方法についても解説します。

　上記の画像処理と認識処理により、物体の方向や大きさが得られます。その情報を利用し、メカナムホイール車に次の2通りの振る舞いをさせます。

■■ メカナムホイール車の振る舞い

　上記の画像処理と認識処理により、物体の方向や大きさが得られます。その情報を利用し、メカナムホイール車に次の2通りの振る舞いをさせます。

▶バナナがレンズと同程度の高さにあるとき

　バナナがレンズと同程度の高さにあるときは、車体の姿勢を維持したままの移動を行います。バナナが小さいときにはバナナに近づき、バナナが大きいときにはバナナから離れる振る舞いをします。

▶バナナがレンズより上方または下方にあるとき

　バナナがレンズより上方または下方にあるときは、車体の前方をバナナの向きに向ける回転動作のみを行います。

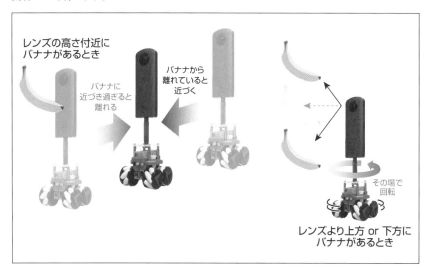

▌▌▌ WebUIについて

本事例でもWebUIを設け、物体認識結果をリアルタイムで確認できるようにしました。ただし、物体認識処理はとても演算リソースを使用するため、極力負荷を減らしたかったので、露出補正を省略したシンプルな画面です。

誌面ではわかりにくいと思いますが、一番外側の緑枠が認識エリアです。バナナに追従して認識エリアの向きが変わっているのですが、表示上は枠が中央に固定されていて映像が動きます。

今回利用した物体認識の学習データは、さまざまなものを認識できますが、バナナを認識したときだけ黄色の枠で表示し、メカナムホイール車の制御を行うようにしています。その他の認識できたモノについては、いくつかを色分けしていますが、基本、青枠で表示だけをします。この例では、バナナを持った手が「person（人）」として認識されています。バナナを見せなければ動かないので、THETAプラグインを起動するとすぐに制御を開始します。

⫴ RICOH THETAとメカナムホイール車の通信

ここで、「RICOH THETAとメカナムホイール車との間にケーブルがない、だけど無線LANはWebUIに利用しているので、どうやって車体と通信をしているのだろう?」と疑問に思っていただけた方もいるかもしれません。

RICOH THETAとメカナムホイール車(M5StickC)との通信には、無線LANと共存可能な無線通信、Bluetooth ClassicのSPPというプロトコルスタックを利用します。

この通信は、通信を開始できるようにする段階でペアリングが必要となります。ペアリングが成立すると、RICOH THETA V、RICOH THETA Z1どちらについても、動画記録開始と同じ音を鳴らすようにしています。ペアリングが成立したあとは有線のシリアル通信と同じ非同期双方向通信が行えます。通信速度も同程度となります。

⫴ RICOH THETA本体の表示器について

RICOH THETA本体の表示器については、RICOH THETA VとRICOH THETA Z1でできることが大きく異なるため、それぞれ次のようにしています。

▶ RICOH THETA Vの表示

RICOH THETA Vでは、Bluetooth Classic SPPの接続状態を、無線LANマークのLED(LED3)の色で表示します。色の意味は次の通りです。

LED3の色	Bluetooth Classic SPPの接続状態
黄	接続開始
青	接続待ち or 接続不成立
白	接続中

▶ RICOH THETA Z1の表示

RICOH THETA Z1の表示では、物体認識の状態を次のようにグラフィカルに表示しています。

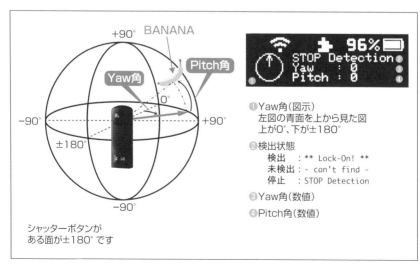

❶Yaw角(図示)
　左図の青面を上から見た図
　上が0°、下が±180°

❷検出状態
　検出　　: ** Lock-On! **
　未検出　: - can't find -
　停止　　: STOP Detection

❸Yaw角(数値)

❹Pitch角(数値)

シャッターボタンがある面が±180°です

06
物体認識で動くメカナムホイール車〜事例3

▶ RICOH THETAのボタンの役割

RICOH THETAのボタンには、次の役割を与えています。

ボタン名称	役割
WLANボタン	物体認識の方向のリセット（物体認識枠を、シャッターボタンなし面側レンズの中央にする）
Modeボタン	物体認識処理の切り替え（認識動作開始／認識動作停止）
Fnボタン （RICOH THETA Z1のみ）	物体認識の方向のリセット（物体認識枠を、シャッターボタンあり面側レンズの中央にする）

▌▌▌ 動作のサンプルと注意点

動作している様子は、下記のURLから動画をご覧ください。

URL https://github.com/theta-skunkworks/theta-plugin-spp-roverc

とても演算量が多いプログラムを動作させています。発熱が多いため、動作させたまま放置すると発熱警告が出て自動で停止してしまいます。常温の部屋で動作させた場合、RICOH THETA Vがおよそ5分、RICOH THETA Z1がおよそ10分程度、連続動作できます。適宜、休ませながら動作させるようにしてください。

少々余談となりますが、物体認識をさせるフルーツは、お供え物用の食品サンプルがよいです。表面の質感などもリアルで、数種類のフルーツをセットで購入できます。機会学習や物体認識全般の評価にも便利だと思います。さまざまなものが検索にヒットするので特にコレという例は示しませんが、5品目で3000円しない程度の価格帯です。お好みのものを事前に用意しておくとよいでしょう。

06

物体認識で動くメカナムホイール車〜事例3

ハードウェアの組み立て

組み立て後の全体像は次の通りです。

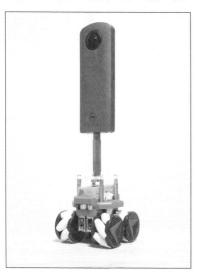 

デバッグ中は、左側のようにRICOH TE-1があったほうがRICOH THETAにUSBケーブルを挿しやすいです。デバッグが終わったあとは、右側のようにRICOH TE-1をはずすと重心が下がるので、ちょっとした段差などで転倒しにくくなります。

RoverCは、上から見るとM3規格のネジ穴が4つあります。5箇所に穴あけしたアクリル板を下記の写真のように固定したあと、1/4インチネジでRICOH THETAを固定するだけの簡単組み立てです。

　1/4インチネジはいろいろなものが売っていますが、手で回せる下記の写真のようなものを選ぶと、RoverCにアクリル板を固定したままRICOH THETAの取り付け取り外しができるので便利です。RICOH THETA V固有の注意点として「ネジ穴が浅い」です（壊さないようにご注意ください）。RICOH TE-1を使わずに固定する場合、1/4インチネジとアクリル板の厚みによっては最後までねじ込めず固定できない場合があります。組み合わせ次第のことですが、隙間ができてしまう場合にはスペーサーを設けるなどの工夫をしてください。

06

物体認識で動くメカナムホイール車〜事例3

ソフトウェアの技術要素

事例3で利用しているソフトウェアの技術要素を説明します。

▌TensorFlow LiteのObject Detectionについて

筆者は遠い昔にNeural Network(「機械学習」でくくられるカテゴリの一角)の経験はありますが、TensorFlowに触れるのはTHETAプラグインの事例を作ったときが初めてです。もしかしたら、いくらか表現や用語がおかしいことがあるかもしれませんがご容赦ください。ざっくりと今回利用するモノゴトの概要を説明しておきます。

▶ TensorFlowについて

TensorFlowは、Google社が提供している機械学習を簡単に利用するためのライブラリやツールなどの総合名称です。「学習」と「推論」のどちらも行え、扱える「モデル」の形式も多め、複数のOSやコンピュータ言語に対応しています。

特に「学習」を行うためには多量のデータを扱うので、マシンパワーがあるほど有利です。

▶ TensorFlow Liteについて

TensorFlow Liteは、TensorFlowをモバイル機器(iOSやAndroidなど)向けに最適化した機械学習のライブラリ&ツール群です。TensorFlowと比べると、機能が制限されている点が多くあります。

モバイル機器向けTensorFlowとしては、TensorFlow Liteより前にTensorFlow Mobileというものが存在していました(今も利用できますが、これから存在が薄れていきます)。

TensorFlow Mobileが、「学習」と「推論」のどちらも行えるのに対し、TensorFlow Liteは「推論」だけが行えます。「モデル」のデータ形式も変わりました(いくらか制限はあるようですが、データ形式の変換ツールもあります)。学習はフルスペックなTensorFlowを利用することになります。

学習はマシンパワーがあっても時間のかかる作業ですが、推論は小型かつ廉価な機器を使い、ネットワーク接続の有無によらず行いたくなります。ツールがこのように進化するのは自然な流れだと思います。

現在MobileからLiteへの移行期間ということもあり、Liteは完全ではありません(徐々に充実しつつあるようです)。

執筆時点で、下記のTensorFlow Liteのページには、9種類の例(学習済みモデル込み)が公開されています。

URL https://www.tensorflow.org/lite/models

モデルの設計を自身で行えば応用範囲はもっと広がりますし、TensorFlow Liteの学習済みモデルが公開されている他の事例もあります。

モデルには「浮動小数点モデル」だけでなく「量子化モデル（整数と表現されますが、固定小数点と思ってもよさそう）」が扱えるようになりました。量子化により、モデルのデータサイズを小さくでき、かつ、演算速度の向上も望めますが、計算精度は劣ることになります。

実施する内容次第ではありますが、スマートフォンと比べると遥かに演算能力が低いマイクロコンピューターの類でも、TensorFlow Liteが利用できるケースが出てきています。

▶ TensorFlow LiteのObject Detection

詳しくはTensorFlow Lite Object Detectionのページを参照してください。

URL https://www.tensorflow.org/lite/models/
object_detection/overview

Android用のサンプルコードは下記になります。

URL https://github.com/tensorflow/examples/tree/
master/lite/examples/object_detection/android

1024×512pixelのEquirectangular形式画像の中央部300×300pixelの範囲（緑枠）に
TensorFlow LiteのObject Detectionをかけた例が下記となります。

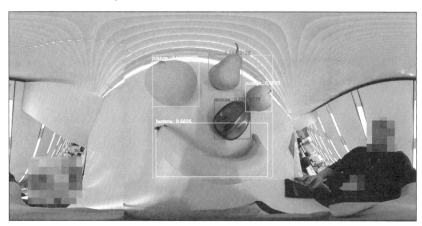

06 物体認識で動くメカナムホイール車～事例3

さらっというと「"単一の画像内"の認識結果を"複数個"得られる」という処理です。もう少し
具体的に条件なども含めて羅列すると次のようになります。

- 80品目（80クラス）の識別が行えます。学習済みモデルと共に配布されているラベルファイル（テキストファイル）を参照すると具体的な品目名称がわかります（91行のうち10行くらい「???」と品目名称が伏せられているので80と表現しました）。
- 入力画像は300×300pixelに制限されています（イチからモデルを設計すれば制限は変えられます）。
- 1回の処理で最大10個までの認識結果が得られます。
- 1品目の認識結果は、Title（認識した品目の名称）、confidence（信頼度：最大値が1.0、最小値が0.0）、Location（認識した品目の範囲=top,left,bottom,right座標）です。

今のところ量子化済みモデルのみが公開されているようです。量子化済みモデルは、（現在のTensorFlow Liteでは）GPUが使えません。CPUで動作させるときには、マルチコアを利用することが可能です。

転移学習により認識できるものを増やしたり認識率を上げたりすることもできますが、今回は公開されている学習済みモデルから推論を行うところのみを実施します。

余談となりますが、このモデルは転移学習の初期値として公開されているようです。上の例で洋梨が「Apple」と認識されたり、りんごが「Orange」と認識されたりしているのは、Googleが説明している通りです。ちゃんとRICOH THETAでも動いています!

TensorFlow Liteの環境構築

この作業は、事例3のプロジェクトファイル一式に対しては作業不要(作業済み)です。ご自身で別のTHETAプラグインを作りたいというときにお役立てください。

本書で説明する内容はTensorFlow LiteのObject Detectionに限定します。TensorFlow Liteの他学習モデル利用する際には、各自で手順をカスタマイズしてください。

連続フレームは、事例1と同じ方法を使います。作業を説明するにあたり、RICOH THETA API を利用したライブプレビューの取得とWebUIやOLEDへの表示をしているが、他の要素は含んでいない、次のプロジェクトファイル一式をベースとします。皆さんが別のTHETAプラグインを作るときにも便利な作業基点になると思いますのでお役立てください。

URL https://github.com/theta-skunkworks/
theta-plugin-extendedpreview

▶ build.gradle(Module:app)の設定

「build.gradle(Module:app)」に次の2つの定義を追加します。

- 「aaptOptions」で、モデルファイルを圧縮しないよう指定する
- 「implementation」の定義を3行書き加える

```
android {
    〜省略〜

    aaptOptions {
        noCompress "tflite"
    }

    〜省略〜
}

dependencies {
    〜省略〜

    implementation 'org.tensorflow:tensorflow-lite:0.0.0-nightly'
    implementation 'org.tensorflow:tensorflow-lite-gpu:0.0.0-nightly'
    implementation 'org.tensorflow:tensorflow-lite-metadata:0.0.0-nightly'
}
```

06

物体認識で動くメカナムホイール車〜事例3

▶ 学習済みモデルとラベルの配置

まず、次の2つのファイルをダウンロードします。

ファイル名	説明
ssd_mobilenet_v1_1_metadata_1.tflite（執筆時点のファイル名）	新形式の物体認識の学習済みモデル。メタデータを含める形式だがラベルは含まれていない
labelmap.txt	学習済みモデルのラベル（識別可能な80品目の名称）定義ファイル

「ssd_mobilenet_v1_1_metadata_1.tflite」は、TensorFlow Lite:Object Detectionのページの「メタデータを含むスターターモデルをダウンロードする」のボタンをクリックしてダウンロードしてください（メタデータを含められる形式ですが、ラベルは含まれていないようです。公式サンプルコードが「labelmap.txt」を使用しているので、同じ手順としてあります）。

URL https://www.tensorflow.org/lite/models/
object_detection/overview

「labelmap.txt」は、GitHubに公開されている公式サンプルコードから取得してください。

URL https://github.com/tensorflow/examples/blob/
master/lite/examples/object_detection/android/
app/src/main/assets/labelmap.txt

なお、古い形式のモデルファイルのzipファイルに含まれているものと同じファイルです。下記のURLから取得しても問題ありません。

URL https://storage.googleapis.com/
download.tensorflow.org/models/tflite/
coco_ssd_mobilenet_v1_1.0_quant_2018_06_29.zip

ファイルを取得したら、どちらも「assets」フォルダに配置してください。

▶ 物体検出クラスの配置

Android用のサンプルコードから、「Detector.java」と「TensorFlowObjectDetectionAPIModel.java」の2つのファイルを取得します。

URL https://github.com/tensorflow/examples/tree/
master/lite/examples/object_detection/android

「lib_interpreter」と「lib_task_api」の2つのフォルダ配下に同名のファイルがありますが、「lib_interpreter」側を利用してください。

ファイル名	説明
Detector.java	物体認識をするクラスのインターフェースが定義されている
TensorFlowObjectDetectionAPIModel.java	物体認識をするクラスの実処理が記述されている

念のため、2つのファイルへのフルパスも掲載しておきます。

URL https://github.com/tensorflow/examples/blob/master/
lite/examples/object_detection/android/lib_interpreter/
src/main/java/org/tensorflow/lite/examples/
detection/tflite/Detector.java

URL https://github.com/tensorflow/examples/blob/master/
lite/examples/object_detection/android/lib_interpreter/
src/main/java/org/tensorflow/lite/examples/
detection/tflite/TFLiteObjectDetectionAPIModel.java

取得したファイルは、配置の仕方にあわせて「package」の定義を書き換えてください。

下記はベースとしたプロジェクトの「～¥app¥src¥main¥java¥com¥theta360¥extended preview」に2つのファイルを配置した場合の例です。この場合、packageの定義は2ファイルともに下記となります。

```
package com.theta360.extendedpreview;
```

続いて、「TensorFlowObjectDetectionAPIModel.java」を修正します。執筆時点、次の2つの問題点があるので対策しました。

- 古い形式のモデルファイルを与えると「metadata.getAssociatedFile()」のところでエラーが発生する
- 認識結果のラベルが1行ずれてしまう。

古い形式のモデルファイルを与えるとエラーが発生する点については、TensorFlow Liteのドキュメントにも記述があります。

URL https://www.tensorflow.org/lite/convert/metadata

メタデータなしでモデルを渡すことができます。ただし、メタデータから読み取るメソッドを呼び出すと、ランタイムエラーが発生します。モデルにメタデータがあるかどうかを確認するには、hasMetadata メソッドを呼び出します。

```
public boolean hasMetadata();
```

修正前と修正後のコードは次のようになります。

●修正前のコード

```
MetadataExtractor metadata = new MetadataExtractor(modelFile);
try (BufferedReader br =
    new BufferedReader(
        new InputStreamReader(
            metadata.getAssociatedFile(labelFilename), Charset.defaultCharset()))) {
  String line;
  while ((line = br.readLine()) != null) {
    Log.w(TAG, line);
    d.labels.add(line);
  }
}
```

06
物体認識で動くメカナムホイール車〜事例3

```
MetadataExtractor metadata = new MetadataExtractor(modelFile);
// "2. Describe the issue" の対策
// https://github.com/tensorflow/models/issues/9341
BufferedReader br = null;
if( metadata.hasMetadata() ) {
  Log.w(TAG, "Has Metadata");
  br =new BufferedReader(
          new InputStreamReader(
                  metadata.getAssociatedFile(labelFilename), Charset.defaultCharset()));
} else {
  Log.w(TAG, "No Metadata");
  InputStream labelsInput = context.getAssets().open(labelFilename);
  br = new BufferedReader(new InputStreamReader(labelsInput));
}
String line;
boolean firstLine = true;
while ((line = br.readLine()) != null) {
  if ( firstLine ) {
    firstLine=false;
  } else {
    Log.w(TAG, line);
    d.labels.add(line);
  }
}
br.close();
```

あとは、「MainActivity.java」で、物体検出クラスを利用するコードを書くのですが、そちら
は、194ページにて説明します。

▶ 補足:コア数の指定やGPUデリゲート

156ページで説明した通り、今回利用している学習済みモデルは量子化されているので、
現在はGPUが利用できずCPUのみを利用することになります。その際、演算時に利用する
最大コア数を「TFLiteObjectDetectionAPIModel.java」に定義されている次の数値で指
定できます。

```
// Number of threads in the java app
private static final int NUM_THREADS = 4;
```

18ページでも紹介している通り、RICOH THETA VおよびRICOH THETA Z1のCPU
はoctacoreです。1から8まで順に数値を振って処理速度を確認してみましたが、4で処理速
度が頭打ちしました。5以上の数値を指定しても意味がないようです。OSのサービスや撮影ア
プリに加え、事例3のTHETAプラグインでも「MainActivity」「MOTION JPEGの常時読
み取り」「WebUI用のWebサーバー」「物体認識を行うスレッド」と複数のプロセスが同時に
動作しているので無理もありません。

06

物体認識で動くメカナムホイール車〜事例3

　処理速度が遅くなってもCPUへの負荷や発熱を減らしたい場合には1〜3の数値を試してみてください。今回はサンプルファイルのまま動作させます。

　少々余談になりますが、もしも物体認識の浮動小数点モデルが入手でき（たとえば他の物体認識モデルのデータ形式を変換するなど）、それをGPUで動作させたい（GPUデリゲートを利用したい）場合には「TensorFlowObjectDetectionAPIModel.java」にちょっと手を加えなければいけないと思うのでご注意ください。今回は説明を割愛します。

▌姿勢とEquirectangularの回転（座標系、数式など）

　本事例では、認識した物体を追尾するために、Equirectangular形式の画像データを回転しています。回転にあたって、RICOH THETAの姿勢情報も加味します。本項では、それらの基礎について説明します。

▶グローバル座標系、ローカル座標系、姿勢の表現

　空間の物事を考えるにあたり、まず座標系を明確にしておきます。下記のGoogleのドキュメントにも図や説明があります。

　URL https://developer.android.com/guide/topics/
　　　　sensors/sensors_motion?hl=ja#sensors-motion-rotate

　ただ、少々わかりにくいと思われるので、まとめ直してみました。わかる方は読み飛ばしてください。

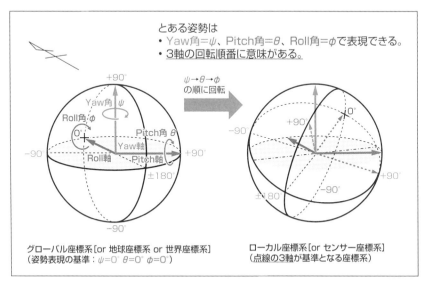

とある姿勢は
- Yaw角＝ψ、Pitch角＝θ、Roll角＝ϕで表現できる。
- **3軸の回転順番に意味がある。**

$\psi \to \theta \to \phi$
の順に回転

グローバル座標系[or 地球座標系 or 世界座標系]
（姿勢表現の基準：$\psi=0°$ $\theta=0°$ $\phi=0°$）

ローカル座標系[or センサー座標系]
（点線の3軸が基準となる座標系）

　透明な球状の器に半分まで水を満たして、それを俯瞰でみていることを思い浮かべてみてください。そして、水面の真北に「十字のしるし」をつけます。これを基準の姿勢とします。

　任意の姿勢というのは、透明の器を回したあとの「十字のしるし」が、基準の姿勢から「どの方向に」「どのように傾いて」いるのかを表現することになります。

（左側縦書き）
06
物体認識で動くメカナムホイール車〜事例3

このとき、いいかげんに球を回してしまうとわけがわからなくなるので、ルールを決めます。球の中心から北（青色）、球の中心から東（緑色）、球の中心から真上（赤色）に動かない仮想の3つの軸（Yaw軸、Pitch軸、Roll軸）を定め、各軸まわりの回転操作をすることとします。

とある1つの姿勢にたどり着く道のりは、軸を回す順番の組み合わせだけ存在してしまうので、回転の順番を決めます。「順番」はとても大切です。こうすることで、各軸周りの回転角度（ψ=方位角、θ=勾配、ϕ=回転）で、任意の姿勢を一意に定めることができます。

このとき、動かない3つの軸の座標系を「グローバル座標系（または、世界座標系や地球座標系とも呼ばれます）」といいます。とある姿勢を客観視している座標系です。

一方、動いたあとの姿勢を基準としている座標系（主観の座標系）を「ローカル座標系（または、センサー座標系）」といいます。

▶一般的なAndroidスマートフォンとTHETAの違い

一般的なAndroidスマートフォンにおけるローカル座標系と、RICOH THETAにおけるローカル座標系は、それぞれ次のように定義されています。Googleのドキュメントを読むとき、これらの差異に注意してください。

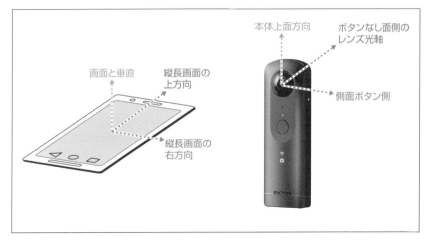

そして、ψ=方位角、θ=勾配、ϕ=回転は「SensorManager.getOrientation」というメソッドで得ることができます。

URL https://developer.android.com/reference/
android/hardware/SensorManager
#getOrientation(float%5B%5D,%20float%5B%5D)

値域には次のような差異があります。

機器	ψの値域	θの値域	ϕの値域
一般的なスマートフォン	$-\pi \sim \pi$	$-\pi \sim \pi$	$-\pi/2 \sim \pi/2$
RICOH THETA	$-\pi \sim \pi$	$-\pi/2 \sim \pi/2$	$-\pi \sim \pi$

θとΦはいずれか一方の値域が-π/2〜π/2、もう一方が-π〜πになっていればよいです。

RICOH THETAは、Equirectangularという形式（地球儀と世界地図の関係における世界地図の形式）で映像が得られ、画像の縦軸がPitchを現しています。この地域が-π/2〜π/2であるため、対応がとれるようにしてあります。こうしておくとEquirectangularの画像処理が行いやすいのです。直感的にもわかりやすいです。

▶ Equirectangularの見え方

ローカル座標において、Equirectangularがどのような映像になるかを示した図が下記です。

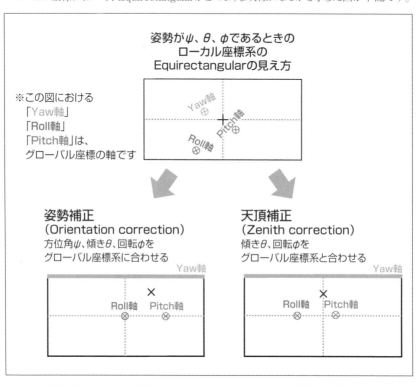

少々余談となりますが、この画像のψ、θ、Φをすべてグローバル座標系にあわせるEquirectangularの回転処理を「姿勢補正（Orientation correction）」と呼びます。θ、Φだけをグローバル座標系にあわせるEquirectangularの回転処理を「天頂補正（Zenith correction）」と呼びます。

▶ 姿勢回転の数式

ある基準となる座標系を定め、その座標系で表現された姿勢m＝ベクトルmを姿勢n＝ベクトルnに回転するとき、次の数式が成り立ちます。結論だけをエイヤっと書いておきます。

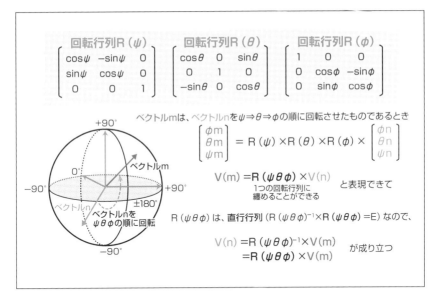

詳しい説明は、ご自身にあった図入りの説明を探すとよいと思います。

式は、行列によってシンプルに表現されています。図はグローバル座標系を基準にしていますが、ローカル座標系を基準にしても成り立ちます。

座標系と回転順さえ揃っていれば、複数回の回転も、Yaw、Pitch、Rollそれぞれの加減算をした後、1つの回転行列を求めればよいですし、回転順が異なる複数回の回転をする場合でも、最終的には1つの回転行列を求めればよいです。

▶Equirectangularの回転

Equirectangularはベクトルの集合体と見なせます。Equirectangularの回転は、画素の座標と姿勢（Yaw, Pitch, Roll）の幾何学と、前述の「姿勢回転の数式」を組み合わせた次の演算を、画素数の数だけ繰り返せばよいです。

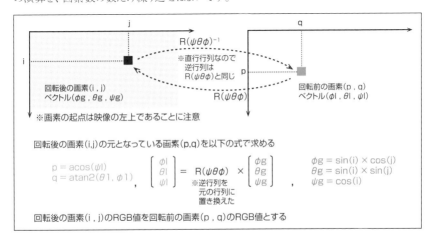

06

物体認識で動くメカナムホイール車〜事例3

(p, q)は小数で得られますが、正確なRGB値がわかるのは整数の画素位置です。

今回は、処理高速化を優先して、演算結果に最も近い整数の画素位置からRGB値を取得することにしました。このため、回転後の画像にシャギのような粗がでます。認識できればよいので、意図的に映像の滑らかさを切り捨てました。

下記は、1024×512pixelのEquirectangularを回転した後、物体認識をかけている300×300pixelのエリアを切り出した例です。画素数が少ないほど目立ち、多いほど目立ちません。

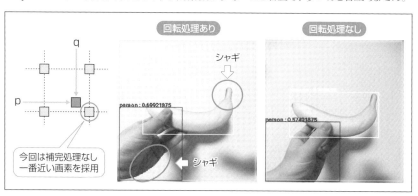

演算時間が増えたとしても、より滑らかな映像が欲しい場合、「演算結果(p, q)に近い四点のRGB値から、もっともらしいRGB(安直には線形補完など)を算出する」など、ご自身で工夫を行ってください。

⫼ NDK(C/C++)からOpenCVを利用するための環境構築

「Equirectangularの回転処理」は、処理速度の観点からAndroid NDKで実装しつつ、行列演算を楽に実装するためにOpenCVのMat型を利用しています。本項では、その環境構築方法について説明します。

この作業は、事例3のプロジェクトファイル一式に対しては作業不要(作業済み)です。ご自身で別のTHETAプラグインを作りたいというときにお役立てください。

次の順番で説明します。手順が多いですが、それぞれ短い作業です。**1**～**3**はプロジェクトによらない事前準備、**4**以降がプロジェクトに手を加える作業、**8**と**9**は特にソースコードのお約束に関する事項です。

1 OpenCV Android packのダウンロードと配置
2 Android Studioの設定(NDKをビルドできるようにする設定)
3「Java SE Development Kit 8」のダウンロードとインストール
4 ビルドファイル(Android.mk, Application.mk)の作成
5 OpenCVライブラリ(.soファイル)のコピー
6「build.gradle(Module:app)」の編集
7 ビルドシステムの設定
8 Native(C/C++)コードの置き場所
9 Java ←→ Native(C/C++)のやり取りのルール

NDK（C/C++）をビルドするには、「CMake」を使う方法、「ndk-build」を使う方法の2種類がありますが、今回は「ndk-build」を使う方法についてのみ説明します。

▶ OpenCV Android packのダウンロードと配置

114ページと同じです。説明を割愛します。

▶ Android Studioの設定（NDKをビルドできるようにする設定）

36ページと同じ手順で開いた画面の中の「SDK Tools」タブを開いて、次の項目がONになっていることを確認してください。ONになっていない場合にはONにしてインストールしておいてください。

- Android SDK Build-Tools
- Android SDK Platform-Tools
- Android SDK Tools
- Google USB Driver
- NDK

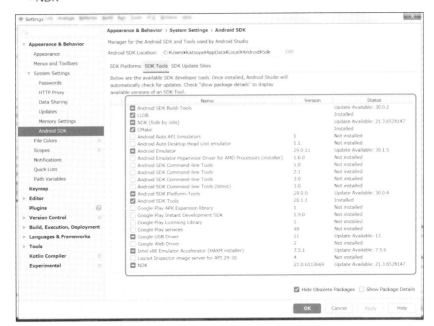

06

物体認識で動くメカナムホイール車〜事例3

▶「Java SE Development Kit 8」のダウンロードとインストール

下記のURLから、「Java SE Developer Kit 8」をダウンロード・インストールしてください。

URL https://www.oracle.com/technetwork/java/javase/
downloads/jdk8-downloads-2133151.html

▶ビルドファイル（Android.mk、Application.mk）の作成

プロジェクトのルートフォルダにある「app」フォルダの下に「jni」というフォルダを作成し、そこに「Android.mk」と「Application.mk」という2つのファイルを作成します。なお、この段階でソースコードを置いてない場合、ソースコードは表示されません。

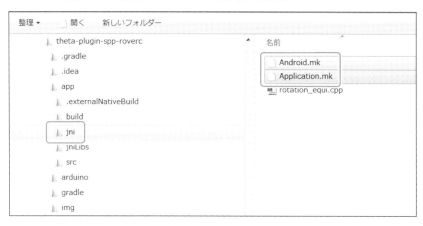

「Android.mk」の内容は次の通りです。

```
LOCAL_PATH := $(call my-dir)

include $(CLEAR_VARS)

OPENCV_INSTALL_MODULES:=on
OPENCV_LIB_TYPE:=SHARED
include C:\opencv\opencv-3.4.11-android-sdk\sdk\native\jni\OpenCV.mk

LOCAL_CFLAGS := -fopenmp -static-openmp
LOCAL_LDFLAGS := -fopenmp -static-openmp
LOCAL_MODULE := rotation_equi
LOCAL_SRC_FILES := rotation_equi.cpp
include $(BUILD_SHARED_LIBRARY)
```

構文に関する公式ドキュメントは下記のURLにあります。

URL https://developer.android.com/ndk/guides/android_mk?hl=ja

物体認識で動くメカナムホイール車〜事例3

06

「Android.mk」のポイントは次の通りです(今回は事例3の内容を掲載しています)。

- 7行目のincludeに、OpenCV Android packの中にある「OpenCV.mk」のパスを記入する
- 「LOCAL_MODULE」に、任意の名称(NDKで生成されるライブラリ名)を設定する
- 「LOCAL_SRC_FILES」に、C/C++(Nativeコード)のソース名を設定する(Nativeコードが複数ある場合は、空白で区切る)

「Application.mk」の内容は次の通りです。

```
APP_STL := c++_static
APP_CFLAGS := -O3 -mcpu=cortex-a53 -mfpu=neon -mfloat-abi=softfp -fPIC -march=armv8-a
#APP_CFLAGS := -O3
APP_CPPFLAGS := -frtti -fexceptions
APP_ABI := arm64-v8a
```

「Application.mk」のポイントは次の通りです。

- APP_ABIには、プラットフォームに応じたものを設定する(RICOH THETA VやRICOH THETA Z1の場合「arm64-v8a」)

▶ OpenCVライブラリ(.soファイル)のコピー

プロジェクトのルートフォルダにある「app」フォルダの下に「jniLibs」というフォルダを作成し、OpenCVライブラリ(.soファイル)をコピー&ペーストします。

プラットフォームに応じて、必要なライブラリファイルをディレクトリごとにコピー&ペーストしてください。

- コピー元:C:¥(OpenCV Android packがある場所)¥sdk¥native¥libs¥arm64-v8a
- コピー先:C:¥(プロジェクトファイルがある場所)¥app¥jniLibs¥arm64-v8a

▶ 「build.gradle(Module:app)」の編集

「build.gradle(Module:app)」を開き、下記のようにNDK設定を追記します。

```
android {
〜省略〜

    defaultConfig {
        〜省略〜

        ndk {
            moduleName "librotation_equi"
            abiFilters 'arm64-v8a'
        }
    }

    〜省略〜
}
```

ポイントは次の通りです（今回は事例3の内容を掲載しています）。

- 「moduleName」には、「Android.mk」で設定したLOCAL_MODULEの名前の先頭に「lib」をつけたものを設定する
- 「abiFilters」の設定値は、プラットフォームに応じたものを設定する

追記後、エディタウィンドウ上部に「Sync Now」が出たら、それをクリックしてください。

▶ ビルドシステムの設定

プロジェクトツリーで「app」を右クリックし、「Link C++ Project with Gradle」を選択します。すでに作業済みの場合はこのメニューは表示されないので注意してください。

開いたウィンドウのBuild Systemに「ndk-build」、Project Pathに「Android.mk」のパスを指定し、「OK」ボタンをクリックします。

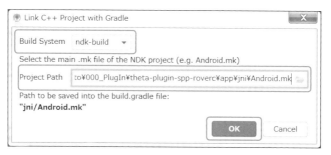

余談となりますが、この作業によって、「build.gradle（Module:app）」には次の記述が自動で追加され、プロジェクトツリーには「cpp」という表示が追加されます（この段階でソースコードを置いてない場合、ソースコードは表示されません）。

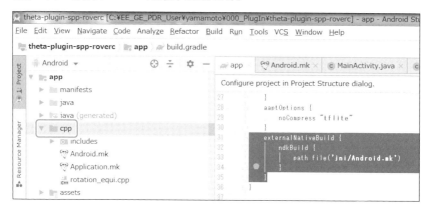

▶ Native(C/C++)コードの置き場所

Native(C/C++)コードは「Android.mk」と「Application.mk」と同じ場所に配置します。

執筆時点、Native(C/C++)コードをAndroid Studioで開くと、次のメッセージが表示されますが、Android Studioの既知の問題でコードの問題ではありません。無視してOKです。ビルドも通ります。いずれ修正されることでしょう。

```
─     MainActivity.java ×   equirotation.cpp ×    Classifier.java ×  Android.mk ×   Application.mk ×   app ×
      Unable to execute Clang-Tidy: Cannot create property=Diagnostics for JavaBean=com.jetbrains.cidr.lang.daemon.clang.tidy.ClangTidyYamlLoader$YamlData@751b20a3 in 'stri...  Open settings
Unable to execute Clang-Tidy: Cannot create property=Diagnostics for JavaBean=com.jetbrains.cidr.lang.daemon.clang.tidy.ClangTidyYamlLoader$YamlData@751b20a3 in 'string', line 2, column 1
MainSourceFile: 'C:\EE_GE_PDR_U ... ^ Cannot create property=DiagnosticMessage for JavaBean=com.jetbrains.cidr.lang.daemon.clang.tidy.ClangTidyYamlLoader$YamlDiagnostic@76fd3dcd in
'string', line 4, column 5: - DiagnosticName: clang-diagnosti ... ^ Unable to find property 'DiagnosticMessage' on class: com.jetbrains.cidr.lang.daemon.clang.tidy.ClangTidyYamlLoader$YamlDiagnos
in 'string', line 6, column 7: Message: 'no viable over ... ^ in 'string', line 4, column 3: - DiagnosticName: clang-diagnos ... ^
               JNICALL Java_com_theta360_previewtflite2_MainActivity_rotateEnu(
```

▶ Java ←→ Native(C/C++)のやり取りのルール

JNI(Java Native Interface)という仕組みを利用して、JavaのコードとNative(C/C++)コード間でやり取りをします。

Native(C/C++)コード側は、次のルールに従って記述します。

```
JNIEXPORT [戻り値の型] JNICALL Java_[最上位ソースディレクトリからのJavaソースの相対パス]_[呼び出し元のJavaのクラス名]_[関数名](JNIEnv *, jobject, [引数], ...))
```

「JNIの型とデータ構造」という下記のドキュメントも併せて参照してください。

URL https://docs.oracle.com/javase/jp/1.5.0/guide/jni/spec/types.html

解説のために、Javaの「MainActivity」から呼び出され、JavaのString型でOpenCVのバージョンを返す「version」関数をNative(C/C++)で作成すると次のようになります。

```
#include <jni.h>
#include <string>
#include <opencv2/core.hpp>
#include <cv.hpp>

〜省略〜

extern "C"
{
    JNIEXPORT jstring JNICALL
    Java_com_theta360_spproverc_MainActivity_version(
            JNIEnv *env,
            jobject) {
        std::string version = cv::getVersionString();
        return env->NewStringUTF(version.c_str());
    }

    〜省略〜
}
```

　この関数を呼び出す側は、次のようにNative（C/C++）で記述されたコードのJavaにおけるインターフェースを記述します。

```
public class MainActivity extends PluginActivity implements ServiceConnection {

    // native functions
    public native String version();

    ～省略～
```

　そのあと、次のように利用します。

```
@Override
protected void onCreate(Bundle savedInstanceState) {

    Log.d(TAG, "OpenCV version: " + version());

    ～省略～
```

　Javaから呼び出されないコードは通常のC/C++と同じように記述すればよいです。
　事例3のコードを、198ページの説明とともに読み解くと、さらに理解できるようになります。ご自身で独自のコードを書くときの参考にしてください。

▌▌▌Bluetooth Classic SPPでの通信

　RICOH THETA VとRICOH THETA Z1は、2020年6月17日にリリースされたファームウェアから、BLE（Bluetooth Low Energy）だけでなく、Bluetooth Classicの通信も行えるようになりました。ファームウェアバージョンで示すと下記のようになります。

RICOH THETAの機種	Bluetooth Classic対応FWバージョン
RICOH THETA V	3.40.1以降
RICOH THETA Z	1.50.1以降

　このファームウェアアップデートにより、THETAプラグインを利用しない状態でも、スマートフォン用として市販されているBLEまたはBluetooth Classicのリモートコントローラー（「音量アップ」のキーコードを送出するHID：Human Interface Deviceです。ボタンが極端に少ないキーボードと思ってください）でも撮影できます。
　THETAプラグインを利用すると、「音量アップ」以外のキーコードを送る各種HIDも利用できますし、HID以外のBluetooth Classic機器とも連携できます。
　1つは、イヤホンやスピーカーなどのオーディオ機器です。オーディオ機器から音を鳴らすだけでなく、オーディオ機器側にある再生、一時停止、曲送り、曲戻しなどの操作部材（ボタンやタッチセンサー）にも対応できます。マイクには対応していない点に注意してください。下記のQiita記事で利用方法を紹介しています。

　URL https://qiita.com/mShiiina/items/4b9f74625deeb43763e9

もう1つが、SPP（Serial Port Profile）というプロトコルスタックを利用した「無線のシリアル通信」を行える機器との連携です。他の無線通信と比べ容易に通信が行える手軽さから、一般的にはBluetooth機器のデバッグや電子工作で利用されることが多い通信です。Bluetooth Classicに対応したスマートフォンやパソコンでも利用できます。

この通信は、事例1や事例2において有線で行っていたシリアル通信と同レベルの通信を無線で行えます。そして、無線LANとの同時利用が可能です。通信速度は電波環境や距離によりますが、115200bps程度が最大値となるようです。通信速度はその場の状況に応じて変化するためアプリケーションから指定できません。画像データや音楽データの通信には向きませんが、BLEよりは大きなデータを取り扱える程度の通信と思ってください。

Bluetooth Classicの通信は、接続を確立する段階でHostとDevice（MasterとSlaveで表現されることもあります）の役割があります。Device側は、Hostからの接続を待ち受けるだけですが、Hostは能動的にDeviceを探して接続を確立する必要があります。ペアリングと呼ばれる振る舞いです。今回の事例では、RICOH THETAをHost、M5StickCをDeviceとして利用します。

Bluetooth Classicにおけるペアリングが成立した後、SPPのプロトコルスタックで通信を行うこととなります。SPPの通信自体にはHostとDeviceのような役割はなく、通常のシリアル通信と同じ非同期双方向通信が行えます。

THETAプラグインにBluetooth ClassicのHostの振る舞いをさせるには、次の手順で行います。

1 RICOH THETA APIを使い、Bluetoothリモコン機能がONであった場合にOFFする

2 RICOH THETA APIを使い、Bluetooth Classicを有効にする

3 RICOH THETA APIを使い、Bluetoothモジュールの電源がOFFであった場合、ONにする（Bluetoothモジュールの電源がOnであった場合、1のコマンドの中でBluetoothモジュールの電源OFF→ONが自動で行われるので、ケア不要）

4 一般Androidアプリのようにスキャン、接続をしてSPPを利用する

Bluetoothに関するRICOH THETA APIは下記があります。すべてsetOption/getOptionのOptionsとして定義されています。

実施する事項	対応するRICOH THETA API
リモートコントロールのON/OFF	Optionsの「_bluetoothRole」。設定値とリモートコントロールON/OFFの対応関係は下表参照
Bluetooth Classicの有効/無効	Optionsの「_bluetoothClassicEnable」
Bluetoothモジュールの電源ON/OFF	Optionsの「_bluetoothPower」

●「_bluetoothRole」設定値

設定値	リモートコントロールの状態
Central	ON
Central_Peripheral	ON
Peripheral	OFF

06

物体認識で動くメカナムホイール車〜事例3

ドキュメントはそれぞれ下記のURLになります。

- _bluetoothRole

  URL https://api.ricoh/docs/theta-web-api-v2.1/
  options/_bluetooth_role/

- _bluetoothClassicEnable

  URL https://api.ricoh/docs/theta-web-api-v2.1/
  options/_bluetooth_classic_enable/

- _bluetoothPower

  URL https://api.ricoh/docs/theta-web-api-v2.1/
  options/_bluetooth_power/

THETAプラグインでSPP通信を行うための具体的な実装方法については、184ページを参照してください。

M5StickCをBluetooth Classic のDeviceとして振舞わせSPP通信を行う具体的な実装方法については、180ページを参照してください。ペアリングに関する事項を意識せずに利用できるので、本項で説明する内容はありません。

||| メカナムホイール車の制御

メカナムホイールは、外周に複数の樽型ローラーが斜めに取り付けられた車輪です。メカナムホイール4つを所定の向きに取り付け、4輪をそれぞれ独立したモータで回転させることで、車体の向きを維持したままあらゆる方向に移動することができます。

RoverCのページには、8方向への移動方法+4種類の回転方法が、車体を上から見たときの視点で図示されています。

URL https://m5stack.com/collections/all/products
rovercw-o-m5stickc?variant=31185881792602

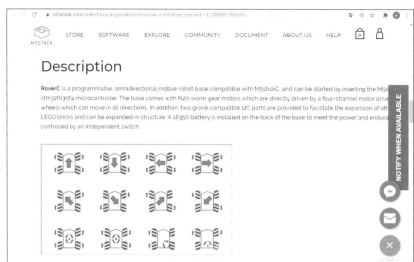

回転については、直感と一致すると思うので説明を省略します。

その他の移動は、一見すると複雑そうですが、「下側から見たローラーの向き」「対角の2輪は同じように回転させる」という点に注目すると、シンプルな仕掛けであることがわかります。

対角の2輪だけを動かす「斜め移動」の1つを図示すると次のようになります。

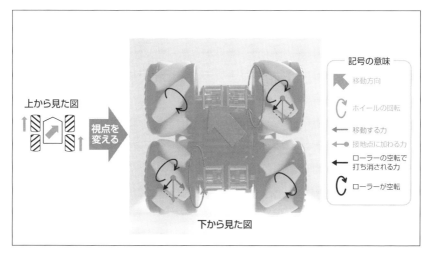

駆動するホイールは、ローラーの軸方向の力（青）だけが移動に利用され、ローラーの回転方向の力（緑）が使われないことがわかります。そして、駆動しないホイールは、ローラーがあるおかげで駆動するホイールの抵抗になりません。したがって斜めに移動します。

余談として、ローラーが樽型である点が大切な要素であることもわかります。図示できていませんが、接地点はホイールの回転に伴いローラーの軸方向に沿ってジグザグに移動していきます。

斜め4方向の移動を理解すると、前後左右の移動は、2種類の斜め移動を合成しただけだと理解できます。車体を上から見たときの視点で図示すると次のようになります。

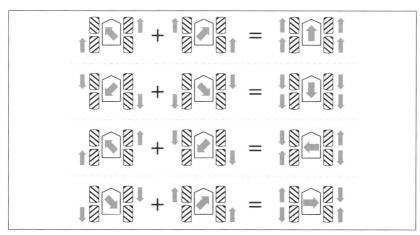

ここまで理解すると、上図の「足し算」において、左辺と右辺の割合を変化させてあげれば、「8方向以外の微妙な角度」に移動できると理解できると思います。

具体的にどのように割合を変化させればよいかを下記に図示します。

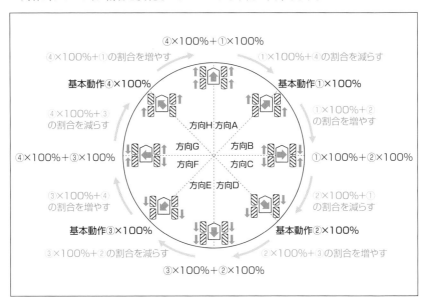

ここまでの説明で、進みたい方向から駆動量を求められることが理解できたと思います。事例3では、本項で説明した演算をM5StickC側で行います。具体的な実装方法については182ページを参照してください。

Arduino側ソースコードのポイント解説

ソースコードは、事例1や事例2と同じようにTHETAプラグインのプロジェクトファイル一式とととともに公開してあります。

URL https://github.com/theta-skunkworks/theta-plugin-
　　 spp-roverc/arduino/SPP_RoverC/SPP_RoverC.ino

関数一覧は次の通りです。

No	関数名称	説明
①	void SetChargingCurrent (uint8_t CurrentLevel)	RoverC側の電池を充電するにはM5StickCが必須だが、その充電処理を行わせるために充電ICの初期設定を行っている。「Setup()」関数で1度だけ呼び出される
②	String serialBtsRead()	Bluetooth Classic SPP通信のリード処理を行う
③	void setup()	Arduinoの定型起動処理
④	uint8_t I2CWrite1Byte (uint8_t Addr, uint8_t Data)	RoverCの引数1に指定したアドレスへ、引数2で指定したデータ1Byteを書き込む。参考のために残してあるが、本事例では利用していない
⑤	uint8_t I2CWritebuff(uint8_t Addr, uint8_t* Data, uint16_t Length)	RoverCの引数1に指定したアドレスから連続書き込みを行う。連続書き込みするデータは、引数2(書き込み元データの先頭アドレス)と引数3(サイズ)で指定する
⑥	void setAngle2MotorDrive (int AngleDeg, int8_t* outResult)	引数1で指定された方向へ移動するためのモータ駆動量を算出し、引数2にセットする
⑦	void setRotateMotorDrive (int setSpeed, int8_t* outResult)	引数1で指定された速度(符号は方向)で回転動作するためのモータ駆動量を算出し、引数2にセットする
⑧	void loop()	Arduinoの定型メインループ
⑨	int splitParam2(String inStr, int *param1, int *param2)	事例2の「splitParam2()」とまったく同じ処理。SPP通信で受信したコマンドのパラメータを分割する

前述の通り、THETAプラグインとM5StickCの通信はBluetooth Classic SPPで行い、Bluetooth Classicの接続を確立するにあたり、M5StickCをDeviceとして動作させます。関係するのは②と③の関数です。180ページにて説明します。

176ページで説明した演算は⑥で行います。大枠は説明済みなのですが、細かな注意点があるので182ページにて説明します。

その他については、事例1や事例2で説明済みの事項です。表に記載した説明をもとにソースコードを読み解けると思うので、詳しい説明を割愛します。

コマンド体系

THETAプラグインからM5StickCへ送信するコマンド(=M5StickCで解釈しなければならないコマンド)の一覧を下記に示します。

No	コマンド	説明
①	dir 引数1 引数2	姿勢を維持したままの移動を行う。引数から与えるパラメータは次の通り 引数1:移動方向 –180〜180°(車体の正面が0°、右側がプラス、左側がマイナス) 引数2:モータ駆動時間(msec) 引数2で指定された駆動時間が経過したあとはモータを停止させる。駆動させている期間、次の駆動コマンドは受け付けない
②	rot 引数1 引数2	その場での回転を行う。引数から与えるパラメータは次の通り 引数1:移動速度(モータ駆動量 0〜255) 引数2:モータ駆動時間(msec) 引数2で指定された駆動時間が経過したあとはモータを停止させる。駆動させている期間、次の駆動コマンドは受け付けない
③	その他の入力	1〜2に該当しない文字列は、停止動作を行う

表の説明からもわかる通り、事例3では、事例1と同じようにコマンド受け付けるたびに駆動と停止を行います。事例2のような連続駆動は行いません。

Bluetooth Classic SPP(Device)の使い方

ペアリング動作を意識せずに利用できるので、とても簡単です。まず、機能を利用するためのインクルードと、インスタンスの宣言をします。

```
#include "BluetoothSerial.h"

BluetoothSerial bts;
```

「BluetoothSerial.h」がBluetooth Classic SPPを利用するためのインクルードです。ここに「BluetoothSerial」クラスが定義されており、「bts」という名称でインスタンスを宣言しています。

続いて、「setup()」関数で「bts.begin()」メソッドを使い、初期化を行ます。引数に与えている「"RoverC"」という文字列は、無線LAN通信におけるSSIDのような自身の名称です。M5StickC関連の初期化よりはあとで行ったほうがよいでしょう。

```
void setup()
{
  M5.begin();
  M5.update();

  〜省略〜

  bts.begin("RoverC");

  〜省略〜
}
```

あとは、通常のシリアル通信と同じように、データ送受信が行えます。

データの送信は、「write」メソッドも用意されているのですが、送信するデータが文字列の場合、「print」メソッドで行えます。本事例ではコマンド実行後に「accept」という文字列を送信する次の部分で送信処理を行っています。コマンドを受け取らなければ送信を行わないという使い方のため、通信が成立したか確認を行っていません。

```
bts.print("accept\n");
```

データの受信は、「available」メソッドでデータの有無を調べ、「read」メソッドで読み取りが行えます。本事例で利用しているのは「serialBtsRead()」関数です。

```
String serialBtsRead(){
  char  sSerialBuf[BT_SERIAL_BUFF_BYTE];
  String result = "";

  if (bts.available()) {
      int iPos=0;
      while (bts.available()) {
        char c = bts.read();
        if (  c == '\n' ) {
          break;
        } else {
          sSerialBuf[iPos] = c;
          iPos++;
          if (iPos==(BT_SERIAL_BUFF_BYTE-1) ) {
            break;
          }
        }
      }
      sSerialBuf[iPos] = 0x00;
      result = String(sSerialBuf);
  }

  return result ;
}
```

見ての通り、事例1や事例2の「serialRead()」関数と内容はまったく同じです。まさに無線のシリアル通信です。有線のシリアル通信とも共存できます。

M5StickC単体の動作確認をするときには、PCやスマートフォンから接続して、ターミナルソフトを使ってデバッグできます。さまざまなアプリがあるのでお好みのものを利用してください。Androidスマートフォン用アプリですと次のアプリがおすすめです。

URL https://play.google.com/store/apps/
details?id=de.kai_morich.serial_bluetooth_terminal&hl=ja

　事例3用に公開したコードだけで、RoverCをスマートフォンから操れてしまいます。RoverC
を使った他の電子工作を行うときにも、このコードは便利かもしれません。

■ モータ制御（メカナムホイールの制御）

　大枠は176ページにて説明済みですが、それだけではソースコードを記述できません。
RoverCとI2C通信するための各種アドレスは、次の公式ドキュメントに記載されています。

URL https://docs.m5stack.com/#/en/hat/hat-roverc

　デバイスのアドレスは0x38です。モータ駆動量のレジスタアドレスは0〜3に割り振られており、
各モータ駆動量は1Byteです。駆動量の値域は−127〜127です。

　しかし、レジスタアドレスとモータ配置の関係、駆動量の正負とモータ回転方向の関係は、
動かさないとわからない状態なので、下記にまとめます。

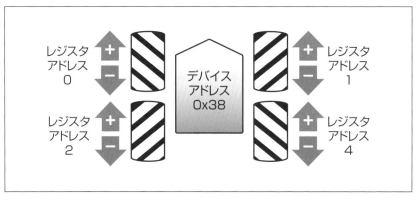

　176ページで説明した内容は「setAngle2MotorDrive()」関数に実装しています。
　基準になる4方向の駆動を次の定数として定義しています。

```
#define MOTOR_DRIVE_STOP_VALUE  0
#define MOTOR_DRIVE_BASE_VALUE  40

int8_t forwardRight[4] = { MOTOR_DRIVE_BASE_VALUE, MOTOR_DRIVE_STOP_VALUE,
                           MOTOR_DRIVE_STOP_VALUE, MOTOR_DRIVE_BASE_VALUE };
int8_t forwardLeft[4]  = { MOTOR_DRIVE_STOP_VALUE, MOTOR_DRIVE_BASE_VALUE,
                           MOTOR_DRIVE_BASE_VALUE, MOTOR_DRIVE_STOP_VALUE };
int8_t backRight[4]    = { MOTOR_DRIVE_STOP_VALUE,-MOTOR_DRIVE_BASE_VALUE,
                           -MOTOR_DRIVE_BASE_VALUE, MOTOR_DRIVE_STOP_VALUE };
int8_t backLeft[4]     = {-MOTOR_DRIVE_BASE_VALUE, MOTOR_DRIVE_STOP_VALUE,
                           MOTOR_DRIVE_STOP_VALUE,-MOTOR_DRIVE_BASE_VALUE };
```

「MOTOR_DRIVE_BASE_VALUE」を大きくすると動作を速くすることができますが、合成した最終モータ駆動量は最大「MOTOR_DRIVE_BASE_VALUE」の2倍になります。モータ駆動量の最大値は127なので、63までの値にしてください。また、値を小さくすると遅くすることができますが、あまり小さくすると動けません。乗せているモノの重さと路面にもよるのですが、THETA VとTE-1を乗せて床を走らせる場合、おおむね20以下だとまともに動けませんでした。各自が走らせる条件で動き出せる数値よりも大きい数値にしてください。

あとは、8通りの場合分けをして駆動量を合成しています。動かしたい方向が0〜45°の範囲である場合、次のように計算しています。

```
if ( 0<=AngleDeg && AngleDeg<45) {
  weight = (float)(45-AngleDeg)/45.0 ;
  weight = chkMinLimit(weight);
  // 前(右)
  *(outResult+0) = forwardRight[0] + (int8_t)(weight * forwardLeft[0]);
  *(outResult+1) = forwardRight[1] + (int8_t)(weight * forwardLeft[1]);
  *(outResult+2) = forwardRight[2] + (int8_t)(weight * forwardLeft[2]);
  *(outResult+3) = forwardRight[3] + (int8_t)(weight * forwardLeft[3]);
```

ここで、真面目に計算していない点が2つあります。

1つは、「モータの個体差を考慮していない」点です。これは今回は無視してもさほど動作に影響が出ていないと思われます。

もう1つは、「ホイールが動く最小駆動量が1ではない」という点です。たとえば、「weight」を乗じるもとの数値からオフセット値を引いておき、乗じた結果にオフセット値を加えるという演算にするなどの改善の余地があります。

今回は「わかりやすさ」に重きをおいて簡単な式のまま計算しています。このため、「weight」が0に近い値になる微妙な方向への駆動はできていません。

最後にRoverCのマイコンが行っている動作の癖について説明しておきます。

M5StickCのプログラムは、4つのモータ駆動量をレジスタアドレス0から順に連続書き込みして、できるだけ時差がなく4つの値が届くよう配慮しています。しかし、I2Cは遅い通信のため、どうしても時差が生じます。通常のモータドライバはこのような時差があっても複数のモータを同時駆動ができる仕組み(新しい制御量をバッファに書き込んでから、一括反映というレジスタ操作をするケースが多いです)があるのですが、RoverCにはありません。このため、どうしても左前→右前→左後→右後の順でモータ駆動されてしまいます。その結果、動かし続けるほどに姿勢が微妙に回ってしまいます。回る方向は、駆動した方向次第です。

RoverCのマイコンはプログラミングできない(方法が開示されていません)ので、改善の余地がありませんでした。

06

物体認識で動くメカナムホイール車〜事例3

RICOH THETA側ソースコードの
ポイント解説

この事例のソースコード(プロジェクトファイル一式)は、次のGitHubリポジトリにおいてあります。

URL https://github.com/theta-skunkworks/theta-plugin-spp-roverc

ソースコードのファイル構成は次の通りです。

```
theta-plugin-spp-roverc\app
├jni              // rotation_equi.cppとビルドするためのmkファイルがあります。
└src\main
  ├assets          // WebUIを構成するJavaScriptなど(事例1で説明済み)と、
  │               // 物体認識のモデルとラベルファイル(本章前半で説明済み)があります。
  └java\com\theta360
    ├pluginapplication
    │ ├bluetooth   // Bluetooth Classic SPPを利用するためのファイルが2つあります。
    │ ├model       // ベースとしたプロジェクトのままです。
    │ ├network     // ベースとしたプロジェクトのままです。
    │ ├oled        // Oled.javaが追加してあります。先に説明した内容のままです。
    │ ├task        // 各種タスクがあります。EnableBluetoothClassicTask.java以外は説明済みです。
    │ └view        // MJpegInputStream.javaがあります事例1で説明した内容のままです。
    └ spproverc    // MainActivity.java
                   // TensorFlow Liteに関する2ファイル(本章前半で説明済み)
                   // 姿勢情報利用するための Attitude.java
                   // 事例1で説明済みのWebサーバーWebServer.java
```

159ページ、168ページで説明した内容も踏まえて以降の説明を参照してください。

⫼ Bluetooth Classic SPP(Host)の使い方

AndroidでBluetooth Classicを利用するため、「AndroidManifest.xml」に次の定義を追加しています。

```
<uses-permission android:name="android.permission.BLUETOOTH" />
<uses-permission android:name="android.permission.BLUETOOTH_ADMIN" />
<uses-permission android:name="android.permission.ACCESS_COARSE_LOCATION" />

~省略~
<application
    ~省略~
    <service android:name="com.theta360.pluginapplication.bluetooth.BluetoothClientService"
/>
</application>
```

末尾付近、「service」タグは、あとに説明する自身で作成したサービスを宣言しています。

上の3行はパーミッションに関する宣言です。「ACCESS_COARSE_LOCATION」の宣言を行ったTHETAプラグインをパソコンからRICOH THETAにインストールして動かす場合には、Vysorを使って「Location」(=位置情報)に関する権限を手動で与える必要があります。ストアからインストールした場合には不要な手順です。

120ページに示しした内容と同じ手順です。最後の画面だけ異なるので掲載しておきます。

▶ スキャン、ペアリング、接続の確立

175ページでは、THETAプラグインでBluetooth ClassicのHostとして動作させてペアリング動作を行い、SPP通信を開始するまでの大枠の流れを説明しました。この大きな流れを行っているのが、「EnableBluetoothClassicTask.java」です。

このタスクは、「MainActivity」の「onCreate」の先頭で起動され、doInBackgroundでRICOH THETA API実行を行い、「onPostExecute」でコールバック関数を呼び出して終了します。SPPを利用する処理のキックはコールバック関数の中で行っています。

06

物体認識で動くメカナムホイール車〜事例3

```java
@Override
synchronized protected String doInBackground(Void... params) {

    HttpConnector camera = new HttpConnector("127.0.0.1:8080");
    String errorMessage ;
    boolean bluetoothRebootWait = false;

    // _bluetoothRoleの確認 -> Peripheral以外なら Peripheralにする。
    String bluetoothRole = camera.getOption("_bluetoothRole");
    if (!bluetoothRole.equals("Peripheral")) {
        Log.d(TAG,"_bluetoothRole:" + bluetoothRole + " -> Peripheral");
        errorMessage = camera.setOption("_bluetoothRole", "Peripheral");
        if (errorMessage != null) { // パラメータの設定に失敗した場合はエラーメッセージを表示
            return "NG";
        }
        bluetoothRebootWait=true;
    } else {
        Log.d(TAG,"_bluetoothRole:" + bluetoothRole);
    }

    Log.d(TAG,"set _bluetoothClassicEnable=true");
    errorMessage = camera.setOption("_bluetoothClassicEnable", Boolean.toString(Boolean.TRUE));
    if (errorMessage != null) { // パラメータの設定に失敗した場合はエラーメッセージを表示
        return "NG";
    }
    String bluetoothPower = camera.getOption("_bluetoothPower");
    if (bluetoothPower.equals("OFF")) {
        Log.d(TAG,"set _bluetoothPower=ON");
        errorMessage = camera.setOption("_bluetoothPower", "ON");
        if (errorMessage != null) { // パラメータの設定に失敗した場合はエラーメッセージを表示
            return "NG";
        }
    } else {
        Log.d(TAG,"_bluetoothPower:" + bluetoothPower);
    }

    if (bluetoothRebootWait) {
        // _bluetoothRoleをPeripheral以外からPeripheralに切り替えたとき
        // _bluetoothClassicEnable を trueにする処理の中で行われている
        // Bluetoothモジュールのリブート完了が遅延するのでWaitする
        try {
            Log.d(TAG,"bluetoothPower Off->On Wait 3sec.");
            Thread.sleep(3000);
        } catch (InterruptedException e) {
            e.printStackTrace();
        }
    }
```

▼

▼

```
    return "OK";
}


@Override
protected void onPostExecute(String result) {
    mCallback.onEnableBluetoothClassic(result);
}
```

「_bluetoothRole」と「_bluetoothPower」に関して、この事例では、起動直後の状態を保持し、終了時に戻す処理をしていません。必要な方は、ご自身で設定の保存と復帰のコードを追加してみてください。

「doInBackground」末尾では、コード中のコメントに書いてある特定条件で起こるRICOH THETAの独特な振る舞いをリカバリーするために、3秒の待ちを行っています。対症療法的な対策です。

コールバック関数の内容は「MainActivity」に記述しています。

```
private boolean mServiceEnable = false;
private EnableBluetoothClassicTask.Callback mEnableBluetoothClassicTask
    = new EnableBluetoothClassicTask.Callback() {
    @Override
    public void onEnableBluetoothClassic(String result) {
        if( result.equals("OK") ) {
            mServiceEnable = true;

            getApplicationContext()
                .startService(
                    new Intent(getApplicationContext(), BluetoothClientService.class));

            getApplicationContext()
                .bindService(
                    new Intent(getApplicationContext(), BluetoothClientService.class),
                    MainActivity.this,
                    Context.BIND_AUTO_CREATE);
        }
    }
};
```

「BluetoothClientService.java」に記述してあるサービスを生成し動作を開始しています。サービスの終了は、「MainActivity」の「onDestroy」で行っています。

06

物体認識で動くメカナムホイール車～事例3

187

「BluetoothClientService.java」には、Androidが提供しているBluetooth関連のAPIを利用し、Bluetooth Classic SPP通信を行うための一連の動作が記述されています。Androidが提供しているBluetooth関連のAPIを利用すると、ペアリングの途中過程や、接続中に状態が変化したときなどにIntentが送られてきます。このIntentを拾い、対応する処理に振り分けをしているのが「BluetoothDeviceReceiver.java」です。Intentに対応するコールバックを定義しているだけですので説明を割愛します。

「BluetoothClientService.java」を詳しく見てみましょう。正常ケースの大きな流れは次のようになります。その他の細かな事項については説明を割愛します。

1 スキャンを開始する。

2 発見したデバイスをペアリングする。

3 ペアリングしたデバイスを接続する。

スキャンの開始は次のように行っています。

```
private void startClassicScan() {
    if (mBluetoothAdapter.isDiscovering()) {
        mBluetoothAdapter.cancelDiscovery();
    }
    boolean isStartDiscovery = mBluetoothAdapter.startDiscovery();
    Log.d(TAG, "startClassicScan :" + isStartDiscovery);
}
```

スキャン動作は、Androidの仕様で開始から12秒後に停止します。スキャンを開始したときに検索中であった場合は、一度停止してから開始します。今回はTHETAプラグインを起動したときのみスキャン動作をしていますが、1回のスキャン動作で対象のデバイスが見つからなかった場合に、スキャンを再開したり、接続断をトリガーにスキャン動作を再開させたりする処理を行いたい場合、ご自身で追加してください。

接続対象のデバイスを発見した場合、ペアリングを行います。接続対象のデバイスは、CoDで判断します。CoDは、Bluetooth SIGで定められたデバイスの用途を識別する値です。

Bluetooth SIGのTOPページは次のURLです。

URL https://www.bluetooth.com/ja-jp/

CoDについては次のURLに記載されています。

URL https://www.bluetooth.com/specifications/
assigned-numbers/baseband/

探索により、デバイスが見つかったIntentを受け取ると「onFound」メソッドが呼ばれます。

```
@Override
public void onFound(BluetoothDevice bluetoothDevice,
        BluetoothClass bluetoothClass,
        int rssi) {
    String name = bluetoothDevice.getName();
    Log.d(TAG, "name" + name);
    if (name != null) {
        int type = bluetoothDevice.getType();
        if (type == bluetoothDevice.DEVICE_TYPE_CLASSIC) {
            int classNo = bluetoothClass.getDeviceClass();
            Log.d(TAG, "class" + classNo);
            if (classNo
                    == Device.COMPUTER_HANDHELD_PC_PDA) {
                stopClassicScan();
                bluetoothDevice.createBond();
            }
        }
    }
}
```

06

物体認識で動くメカナムホイール車〜事例3

「onFound」では、Bluetooth Classicの「Handheld PC/PDA」のみをペアリング対象にしています。今回は、最初に見つかったデバイスを無条件に接続対象にしています。探索中に複数のデバイスがペアリング待ちになっていないように注意して利用してください。接続する機器をMACアドレスや名称で絞ることも可能ですが、今回は実装していません。

ペアリング完了後に接続します。「bondState」が「BOND_BONDED」になるとペアリング完了です。「connect」メソッドで接続処理を開始します。

```
public void onBondStateChanged(BluetoothDevice bluetoothDevice, int bondState) {
    Log.d(TAG, "onBondStateChanged");
    if (bondState == BluetoothDevice.BOND_BONDED) {
        connect(bluetoothDevice);
    }
}
```

connectでは、UUIDを指定してsocketを開いています。

```
private void connect(BluetoothDevice device) {
    int type = device.getType();
    if (type == BluetoothDevice.DEVICE_TYPE_CLASSIC) {
        int classNo = device.getBluetoothClass().getDeviceClass();
        Log.d(TAG, "class" + classNo);
        if (classNo == Device.COMPUTER_HANDHELD_PC_PDA) {
            try {
                mBluetoothSocket = device.createRfcommSocketToServiceRecord(BT_UUID);
                mBluetoothSocket.connect();
            } catch (IOException e) {
```

▼

```
                e.printStackTrace();
            }
        }
    }
}
```

UUIDは下記で定義しており、SPPを指定しています。

```
// SerialPort Service UUID
private static final UUID BT_UUID = UUID.fromString("00001101-0000-1000-8000-00805f9b34fb");
```

接続が完了すると、「onAclConnected」メソッドが呼ばれるので、以下の処理を行い、接続完了を通知しています。

接続完了通知方法	通知が確認できる機種
無線LANのLEDを白にする	RICOH THETA V
録画開始と同じ音を鳴らす	RICOH THETA V、RICOH THETA Z1

```
@Override
public void onAclConnected(BluetoothDevice bluetoothDevice) {
    Log.d(TAG, "onAclConnected");
    // LED3点灯
    Intent intentLedShow = new Intent("com.theta360.plugin.ACTION_LED_SHOW");
    intentLedShow.putExtra("color", LedColor.WHITE.toString());
    intentLedShow.putExtra("target", LedTarget.LED3.toString());
    mContext.sendBroadcast(intentLedShow);

    Intent intentSound = new Intent("com.theta360.plugin.ACTION_AUDIO_MOVSTART");
    mContext.sendBroadcast(intentSound);
}
```

　その他、接続の過程や、接続失敗、接続後の状態が変わったときに呼ばれる各種メソッドをいくつか記述していますが、コードを見れば内容を理解できると思います。

▶ データ送受信

　SPPのデータ送受信を担っているのは「BluetoothClientService」なのですが、送信したいデータが生まれるのは「MainActivity」です。このため、「MainActivity」と前述のサービスの間で、Androidの「Messenger」と呼ばれるプロセス間通信を利用してデータの受け渡しを行っています。

　Messengerを使うと、双方向の非同期プロセス間通信が行えるのですが、今回は、次の事情があります。

● M5StickCにコマンドを送らないと受信するデータ（「accept」という文字列）が発生しない。

● この応答文字列はデバッグ用のため、ログに記録できれば十分。MainActivity側で確認する必要がない。

そのため、次のような振る舞いまでを実装しています。

- 「MainActivity」からサービスへ、SPPで送信したいデータ（コマンド文字列）を渡す。
- 上記データを受け取ったサービスは、SPPで送信後、その応答を受信し、ログに出力する。

「MainActivity」側はサービスと「Messenger」で通信するために、次のimplementsを行っています。

```
public class MainActivity extends PluginActivity implements ServiceConnection {
```

「Messenger」を利用するために記述するコードは次の通りです。

```
private Messenger _messenger;

@Override
public void onServiceConnected(ComponentName name, IBinder service) {
    Log.d(TAG, "サービスに接続しました");
    _messenger = new Messenger(service);
}

@Override
public void onServiceDisconnected(ComponentName name) {
    Log.d(TAG, "サービスから切断しました");
    _messenger = null;
}
```

あとは、次のような記述を行うとデータをサービスに送ることができます。

```
if (_messenger!=null) {
    try {
        _messenger.send(Message.obtain(null, 0, sppCmd));
    } catch (RemoteException e) {
        e.printStackTrace();
    }
}
```

「BluetoothClientService」側は、「MainActivity」からのデータを受け取るために次のようなコードを記述しています。

```
private Messenger _messenger;
static class SppHandler extends Handler {

    private Context _cont;

    public SppHandler(Context cont) {
        _cont = cont;
    }
```

06

物体認識で動くメカナムホイール車～事例3

▽

191

▼

```
@Override
public void handleMessage(Message msg) {

    switch(msg.what) {
        case 0:
            String sendCmd = (String)msg.obj;
            Log.d(TAG, "Received message :" + sendCmd);
            sendSppCommand(sendCmd);
            break;
        default:
            Log.d(TAG, "Undefined message :" + msg);
    }
}
}
```

　サービスから「MainActivity」へデータを送りたい場合には、「MainActivity」側にも同じようなハンドラを準備しておけばよいです。

　サービスは、メッセージで受信したコマンドを次のメソッド内でM5StickCへ送信しています。

```
public static  void sendSppCommand(String inSendCommand) {

    if (mBluetoothSocket != null) {
        boolean isConnected = mBluetoothSocket.isConnected();
        if (isConnected) {
            try {
                OutputStream out = mBluetoothSocket.getOutputStream();
                InputStream in = mBluetoothSocket.getInputStream();

                // Write command
                Log.d(TAG, "SPP send data :" + inSendCommand);
                out.write(inSendCommand.getBytes());

                // Read the response
                byte[] incomingBuff = new byte[64];
                int incomingBytes = in.read(incomingBuff);
                byte[] buff = new byte[incomingBytes];
                System.arraycopy(incomingBuff, 0, buff, 0, incomingBytes);
                String s = new String(buff, StandardCharsets.UTF_8);
                Log.d(TAG, "SPP receive data :" + s);

            } catch (Exception e) {
                e.printStackTrace();
            }
        } else {
            Log.d(TAG, "Not connected to a Bluetooth SPP device.");
```

▼

```
        }
    } else {
        Log.d(TAG, "Not ready for Bluetooth SPP communication.");
    }
}
```

送信は「OutputStream」、受信は「InputStream」の仕組みを利用しています。

送信する前に「mBluetoothSocketが有効であること」「接続中であること」を確認し、送信を「OutputStream」の「write」メソッド、受信を「InputStream」の「read」メソッドで行っているだけです。

非同期の受信に対応したい場合には、サービスの中で受信処理をスレッドに分離し、周期動作をさせるなどの方法があります。必要な場合には、ご自身でカスタマイズしてみてください。

AndroidでBluetooth ClassicのHost動作をさせると、自身でコードを記述しなければならない事項が多いものの、接続さえ確立してしまえば、ポートにread/writeするだけです。サービスにBluetooth周りの処理を集約したので「MainActivity」トリガーでデータ送信をするために「Messenger」という仕組みが登場して少々ややこしくなりましたが、根本的なところはわりとシンプルです。

本事例をひな形とすればかなり手間を省けます。他のSPP通信を利用したTHETAプラグイン作成にもトライしていただけると幸いです。

▶ サービスの終了

今回、Bluetooth Classic SPP通信を行うためにサービスを利用しました。サービスは、正しく終了させないとアプリケーション終了後も処理が残ってしまう可能性があります。確実に終了させましょう。

Googleのドキュメントには次の記述があります

サービスの全体の生存期間は、onCreate()が呼び出されてから、onDestroy()から戻るまでの間です。アクティビティと同様に、サービスはonCreate()で初期セットアップを行い、onDestroy()で残りのすべてのリソースを解放します。
たとえば、音楽再生サービスでは、音楽を再生するスレッドをonCreate()で作成でき、onDestroy()でスレッドを停止できます。
（引用元:https://developer.android.com/guide/components/services?hl=ja#Lifecycle）

本プラグインでも上記に従って「MainActivity」に「onDestroy」メソッドの「Override」を追記し、サービスの終了とメディアレシーバーの登録解除をしています。

```
@Override
protected void onDestroy() {
    if (mServiceEnable) {
        getApplicationContext().unbindService(MainActivity.this );
```

193

```
getApplicationContext().stopService(
        new Intent(getApplicationContext(), BluetoothClientService.class)
    );
}

～省略～
}
```

||| TensorFlow Lite物体検出クラスの呼び出し

環境設定などの準備段階については159ページで説明しました。

物体認識処理は97ページで説明した「MainActivity」のスレッドにて行います。

スレッドは、「while」文で定常動作を行い、あとに説明するEquirectangularの回転処理（物体の追尾）を行ってから認識処理をかけ、その後、結果のOLED表示や制御コマンドの生成と送信を行うという流れです。

```
while (mFinished == false) {

    ～省略～

    byte[] jpegFrame = latestLvFrame;
    if ( jpegFrame != null ) {

        // JPEG -> Bitmap
        BitmapFactory.Options options = new  BitmapFactory.Options();
        options.inMutable = true;
        Bitmap bitmap = BitmapFactory.decodeByteArray(jpegFrame, 0, jpegFrame.length, options);

        <回転処理>

        <物体認識処理>

        <認識結果のOLED表示>

        <制御コマンドの生成と送信>

    } else {
        ～省略～
    }

    ～省略～

}
```

取得するフレームはjpegですが、回転処理の前にBitmap型に変換しています。以降では、物体認識処理の部分について詳しく説明します。

▶ 固定値の定義

　モデルファイル名、ラベルファイル名、画像1辺のサイズ（単位はpixel、正方形です）、モデルの量子化有無を定義しています。

```
private static final String TF_OD_API_MODEL_FILE = "ssd_mobilenet_v1_1_metadata_1.tflite";
private static final String TF_OD_API_LABELS_FILE = "labelmap.txt";
private static final int TF_OD_API_INPUT_SIZE = 300;
private static final boolean TF_OD_API_IS_QUANTIZED = true;
```

▶ 初期化

　スレッドが起動したところ（定常動作より前）で、「Detector」クラスのオブジェクトを「detector」という名称で生成しています。

```
////////////////////////////////////////////////////////////////////////
// TFLite Initial detector
////////////////////////////////////////////////////////////////////////
Detector detector=null;
try {
    Log.d(TAG, "### TFLite Initial detector ###");
    detector = TFLiteObjectDetectionAPIModel.create(
            getApplicationContext(),
            TF_OD_API_MODEL_FILE,
            TF_OD_API_LABELS_FILE,
            TF_OD_API_INPUT_SIZE,
            TF_OD_API_IS_QUANTIZED);
} catch (final IOException e) {
    e.printStackTrace();
    Log.d(TAG, "IOException:" + e);
    mFinished = true;
}
```

▶ 物体認識処理

　物体認識処理は、事前に300×300 pixelに切り出したBitmapを与え物体認識処理を行っています。

```
// crop detect area
Bitmap cropBitmap = Bitmap.createBitmap(
                        bitmap,
                        offsetX,
                        offsetY,
                        TF_OD_API_INPUT_SIZE,
                        TF_OD_API_INPUT_SIZE,
                        null,
                        true
                    );
```

06

物体認識で動くメカナムホイール車〜事例3

　目的によっては「黒帯つきで300×300pixelにリサイズして画像全体に認識処理をかける」とか「縦に引き伸ばした300×300pixelの画像全体に認識処理をかける」ということも考えられますが、画素数が減るほどに小さなもの（遠くのもの）は認識されにくくなりますし、縦横比率を変えるともともと歪んでいる映像がさらに変形します。今回利用しているモデルはそのようなデータで学習されていませんので、あまりおすすめできません（とはいえ、ある程度、動作してしまうのが機械学習の不思議さではあります）。

　物体認識処理を行っているのは次のコードです。

```
////////////////////////////////////////////////////////////////////////
// TFLite Object detection
////////////////////////////////////////////////////////////////////////
final List<Detector.Recognition> results = detector.recognizeImage(cropBitmap);
Log.d(TAG, "### TFLite Object detection [result] ###");
for (final Detector.Recognition result : results) {
    drawDetectResult(result, resultCanvas, mPaint, offsetX, offsetY);
}
```

　検出結果は、Listの形式で得られます。リストの数だけ「drawDetectResult」メソッドを呼び出し、画像に検出枠を描画しています。

▶ 検出結果の利用方法

　「drawDetectResult」の内容を掲載しておきます。

```
private void drawDetectResult(
        Detector.Recognition inResult,
        Canvas inResultCanvas,
        Paint inPaint,
        int inOffsetX,
        int inOffsetY
    )
{
    double confidence = Double.valueOf(inResult.getConfidence());
    if ( confidence >= 0.54 ) {
        Log.d(TAG, "[result] Title:" + inResult.getTitle());
        Log.d(TAG, "[result] Confidence:" + inResult.getConfidence());
        Log.d(TAG, "[result] Location:" + inResult.getLocation());

        // draw result
        if (confidence >= 0.56) {
            String title = inResult.getTitle();
            if ( title.equals("apple")) {
                inPaint.setColor( Color.RED );
            } else if ( title.equals("banana") ) {
                inPaint.setColor( Color.YELLOW );

                detectFlag = true;
```

```
            updateDetectInfo(inResult, inOffsetX, inOffsetY);

        } else if ( title.equals("orange") ) {
            inPaint.setColor(Color.CYAN );
        } else {
            inPaint.setColor( Color.BLUE );
        }
    } else {
        inPaint.setColor( Color.DKGRAY );
    }
    RectF offsetRectF = new RectF(
                            inResult.getLocation().left,
                            inResult.getLocation().top,
                            inResult.getLocation().right,
                            inResult.getLocation().bottom
                        );
    inResultCanvas.drawRect( offsetRectF, inPaint );
    inResultCanvas.drawText(
        inResult.getTitle() + "" : "" + inResult.getConfidence(),
        offsetRectF.left,
        offsetRectF.top,
        inPaint
    );
    }
}
```

　1つの検出結果から得られる情報は、「認識した物体の名称」「信頼度（0.0〜1.0）」「認識した物体を囲う四角を描画するための情報＝画像の中の位置と大きさ」です。

　下記のTensorFlow LiteのObject Detectionのページで説明されている通り、信頼度値でカットオフしたほうがよいです。

URL　https://www.tensorflow.org/lite/models/
　　　　object_detection/overview#confidence_score

　今回は0.54に満たない結果はログも残さないようにし、0.56以上の物体を描画するようにしています。お好みで値を変更してください。

　検出枠の色は、バナナ以外もいくつか色分けするようにしてあります。バナナを検出した場合には、「updateDetectInfo」メソッドで最終検出位置を保持するようにしています。1回の物体認識処理で複数のバナナをみつけたときには、最後に見つけたバナナが優先されることになります。

III NDKによるEquirectangularの回転処理

回転処理の内容については164ページにて説明済みです。この処理をNDK（C/C++）で実装した「rotation_equi.cpp」について説明します。

関数一覧は次の通りです。

No	関数名	処理概要
①	Java_com_theta360_tracking_ MainActivity_version ※Javaからは「version」という名称で呼び出す	OpenCVのバージョン文字列を取得する。NDKの例題用関数のため、回転処理には関係ない
②	eular2rot	引数から指定された回転順と「Yaw」「Pitch」「Roll」をもとに回転行列を生成する
③	rotate_pixel	引数から指定された位置の画素が、元画像のどの位置の画素に対応するのかを計算する
④	rotate_rgb	画素数の数だけrotate_pixelを行い、RGB値を求め、回転後に画像を生成する
⑤	Java_com_theta360_tracking_ MainActivity_rotateEqui ※Javaからは「rotateEqui」という名称で呼び出す	Javaから呼び出される回転処理。1種類の回転が行える
⑥	Java_com_theta360_tracking_ MainActivity_rotateEqui2 ※Javaからは「rotateEqui2」という名称で呼び出す	Javaから呼び出される回転処理。2種類の回転を一括して行える

②が、166～167ページで説明した回転行列$R(\psi\theta\phi)$求める部分に対応しています。③が、167～168ページで説明した(p, q)を求める計算式に対応しています。

あとは、ご自身の力で読み解けると思うので、コードを掲載してまでの説明はしません。

III NDKの高速化（オプティマイズ、OpenMPによるマルチコア利用）

何も指定せずにビルドをしてもJavaよりかなり高速な演算が行えるのですが、「オプティマイズ」と「OpenMP（マルチコア利用）」を指定して、より高速な演算が行えるように配慮してあります。本項では、その説明をしておきます。

▶オプティマイズ

Application.mkに「APP_CFLAGS」を追記することでオプティマイズや浮動小数点演算器の使い方をコンパイラに指定できます。ひとまず、オプティマイズのレベルを最高レベルの「-O3」とするだけでも大きな効果が得られました。それ以外のオプションは浮動小数点演算器の使い方を指定しています。

```
APP_CFLAGS := -O3 -mcpu=cortex-a53 -mfpu=neon -mfloat-abi=softfp -fPIC -march=armv8-a
#APP_CFLAGS := -O3
```

こちらのARMのドキュメントなどを見ながら指定してみるとよいと思います（浮動小数点演算に関するところは少し間違いがあるかもしれません）。

URL　http://infocenter.arm.com/help/index.jsp?topic=/
　　　com.arm.doc.dui0774dj/chr1392305424052_00039.html

▶ OpenMPによるマルチコア利用

OpenMPはマルチコアを利用するためのAPIです。今回のように「順番を問わないループ処理」は、処理を各コアに振り分けて並列処理をすると、演算時間が短縮できます。

「Application.mk」ファイルに次のオプションをつけると、コード中に「#paragma」で記載されているOpenMPの指示が有効になります。

```
LOCAL_CFLAGS := -fopenmp -static-openmp
LOCAL_LDFLAGS := -fopenmp -static-openmp
```

今回は、次の二重ループの先頭に「#pragma omp parallel for」を記載しました。これで、自動的に処理を複数のコアに振り分けてくれます。

こちらも、今回の演算で大きな効果がみられました。

```
void rotate_rgb(Mat inRotMat, int im_width, int im_height, Vec3b* im_data, Vec3b* im_out_data )
{
    #pragma omp parallel for      // Use OpenMP : Specify "-fopenmp -static-openmp"
                                  // for the build option.

    for(int i = 0; i < static_cast<int>(im_height); i++) {
        for (int j = 0; j < static_cast<int>(im_width); j++) {
            // inverse warping
            Vec2i vec_pixel = rotate_pixel( Vec2i(i, j)
                    , inRotMat  // Special orthogonal matrix: inverse matrix equals
                                // original matrix.
                    , im_width, im_height);
            int origin_i = (int) (vec_pixel[0] + 0.5);
            int origin_j = (int) (vec_pixel[1] + 0.5);
            if ( (origin_i >= 0) && (origin_j >= 0) && (origin_i < im_height) &&
                (origin_j < im_width) ) {
                im_out_data[i * im_width + j] = im_data[origin_i * im_width + origin_j];
            }
        }
    }

    return;
}
```

今回は深入りしませんが、実際にいくつのコアに処理が振り分けられたかを確認する「omp_get_thread_num()」というAPIがあったり、他にもいろいろなAPIが用意されていたりします。

余談となりますが、「omp_get_thread_num()」で、効果があったときに利用しているコア数を表示したところ2コアでした。RICOH THETA内部では自身のアプリケーションだけではなく、撮影アプリやAndroidのサービスも動いているのであまり空きがないのでしょう。使いこなしが難しいです。

■ 姿勢算出クラスの使い方

166ページで説明した「姿勢補正（Orientation correction）」や「天頂補正（Zenith correction）」を行うには、RICOH THETAの姿勢情報が必要となります。

本項では、姿勢情報に関する処理をまとめた「Attitude.java」について説明をします。

Attitudeクラスのコンストラクタにて、「センサーフュージョンの大元となるセンサーの種類」と「センサー値の取得レート」を指定しています。

```
public Attitude(SensorManager sensorManager){
    int rate = SensorManager.SENSOR_DELAY_UI;
    sensorManager.registerListener(
            this,
            sensorManager.getDefaultSensor(Sensor.TYPE_GAME_ROTATION_VECTOR),
            rate
    );
}
```

「Sensor.TYPE_GAME_ROTATION_VECTOR」というのが6軸センサーを使う指定です。

レートは次の4種類が指定できます。アプリケーション全体の負荷バランスをみて「SENSOR_DELAY_UI」を使うことにしました。

レートの設定名称	説明
ENSOR_DELAY_FASTEST	最も高頻度になるがCPU負荷が高すぎる
SENSOR_DELAY_GAME	スマートフォンにおいて、画面を傾けるゲームを作るときに最適
SENSOR_DELAY_UI	ゲーム用より低頻度だが、姿勢を使うUIに最適
SENSOR_DELAY_NORMAL	最も低頻度

センサー値に変化があると呼び出される「onSensorChanged」を次のように記述しています。値を更新する箇所では「synchronized」を使い排他をかけています。

```
@Override
public void onSensorChanged(SensorEvent event) {
    if ( event.sensor.getType() == Sensor.TYPE_GAME_ROTATION_VECTOR ) {
        SensorManager.getRotationMatrixFromVector(rotationMatrix, event.values);
        synchronized (this) {
            SensorManager.getOrientation(
                    rotationMatrix,
                    curAttitudeVal);
        }
    }
}
```

あとは、「Radian」と「Degree」のゲッターがあるだけです。

「MainActivity」で「Attitude」クラスを利用しているので、順に説明します。

まず、インスタンスを宣言しておきます。

```
// Attitude
private SensorManager sensorManager;
private Attitude attitude;
```

「onCreate」メソッドでインスタンスを生成すると、定期的に姿勢情報が更新されます。

```
@Override
protected void onCreate(Bundle savedInstanceState) {

    ～省略～

    // init Attitude
    sensorManager = (SensorManager)getSystemService(SENSOR_SERVICE);
    attitude = new Attitude(sensorManager);
```

あとは、使いたいところでゲッターを呼んで最新の値を参照するだけです。

```
double corrAzimath = attitude.getDegAzimath();
double corrPitch = attitude.getDegPitch();
double corrRoll = attitude.getDegRoll();
```

今回はEquirectangularの回転（映像の姿勢補正）に利用しましたが、たとえば「姿勢によってボタンの役割を変える」というような使い方をすると、操作ボタンが少ないTHETAのUIを改善することもできます。興味のある方は次のQiita記事を参照してください。

URL https://qiita.com/KA-2/items/d8d0549d07bd06b0b9c7

▌▌全方位追尾

今回は、モータ駆動によりRICOH THETAの姿勢が変わっても、RIOCH THETAの正面（ボタンがない面のレンズの正面）を0°とし、移動方向を決定するので、166ページで説明した、ローカル座標系で、物体を追尾する処理となります。

この場合の回転処理はとてもシンプルで、次のコードで行っています。

```
byte[] dst = rotateEqui(true, -rotYaw, -rotPitch, 0, bitmap.getWidth(),
                        bitmap.getHeight(), byteBuffer.array());
```

「rotYaw」「rotPitch」が、ローカル座標系における物体認識位置なので、その認識位置が映像の中心になるよう回転処理を行っています。

回転処理の理解を深めたい方は次のQiita記事も参照するとよいと思います。

URL https://qiita.com/KA-2/items/6f8395c4ca0dc378cc7a

　グローバル座標系での追尾を行い、RICOH THETAをどんな姿勢にしても認識した物体の方位を算出したり、その演算回数を減らしたりする方法についても触れられています。167ページで説明した次の事項の具体例です。

　座標系と回転順さえ揃っていれば、複数回の回転も、「Yaw」「Pitch」「Roll」それぞれの加減算をした後、1つの回転行列を求めればよいですし、回転順が異なる複数回の回転をする場合でも、最終的には1つの回転行列を求めればよいです。

　行列演算の便利さや、今回は利用しなかった「rotateEqui2」が必要なケースについて理解できます。

まとめ

この事例によって、次のことが理解できたと思います。

- TensorFlow LiteのObject Detectionを利用する方法
- Equirectangular形式画像の回転方法
- NDK（C/C++）の使い方
- NDK（C/C++）からOpenCVを利用する方法
- 姿勢情報の使い方
- Bluetooth Classic SPPで通信する方法
- メカナムホイールの駆動方法

　本書を手に取ったときに、THETAプラグインに、これだけの要素を複合させて、動作が成立するとは思ってもみなかったかもしれません。THETAプラグイン、なかなかやるでしょ?

　事例3は、事例1や事例2と比べ要素が多く、1つひとつの要素にボリュームがあったかと思います。しかし、ここまで事例をこなすと、メカナムホイール車で事例1のような手動操作をするラジコンを作ることは簡単に思えているでしょうし、事例2のようなライントレーサーにチャレンジしたいと思っているかもしれません。ぜひ、さまざまな応用をご自身の力で行ってみてください。「何を作るか決める」ということも、力のひとつです。

　まだまだ、本書では解説できなかった技術要素はたくさんあります。すでに皆さんは、気になった技術要素がRICOH THETAで動作するのか、自分の力で試す力がついていると思います。電子工作、車体の制御という枠にとらわれず、さまざまなジャンルのTHETAプラグイン作成にトライしていただけると幸いです。

⏪EPILOGUE

お疲れさまでした。3つの事例、全部咀嚼できたでしょうか?

最初は、ただサンプルコードをビルドして動かすだけからはじまっても、少しずつ独自のアレンジをしながら咀嚼してみてください。今は咀嚼が途中まででも、ご自身のペースであきらめずにトライすることが肝心です。「はじめに」にも書きましたが、本書で取りあげている技術要素は多いです。1つの要素のみ取り上げられているAndroidスマートフォン用のWeb記事を検索したり、私たちが発信しているQiita記事を参照したり、ご自身で1つの要素だけを抜き出したTHETAプラグインを作ってみるのもよいと思います。調べ物をしながら脱線する(本書に含まれてない別の技術要素に興味が沸く)こともよくあることです。

そんな試行錯誤をしていると、ちょっと面白かったり、ほかの人にとっても便利なTHETAプラグインができたりするかもしれません。そんなときには、ご自身で技術BLOG記事を書く、RICOH THETA Plug-in STOREにプラグインを公開するなどの情報発信をしていただけると幸いです。

いわゆる「カメラメーカーが販売するカメラ」の中で、「"ユーザーが"プログラミングできるカメラ(ここまで自由度が高いもの)」を発売したのはRICOH THETAが先駆けだと思います(メーカーだけがアプリケーションを作成してリリースしているカメラは存在します)。しかし、コンピューターボードにカメラユニット(撮像素子とレンズが一体となったユニット)をつけ、1つのケースにまとめたようなものであれば、多くの機材が存在します。画像認識などを自由に行いたいニーズは高まっていますし、そのための機材を減らしたいニーズも高まっています。そういった世界でもそろそろ画質が求められる頃合です。既製品の一般カメラも演算能力が高いCPUを搭載することが当たり前になってきました。「"ユーザーが"プログラミングできるカメラ」は、他のカメラメーカーからも徐々に増えていくのではないかと思っていますし、そうなることを願っています(だって便利ですもの!)。

現在、360°カメラ(横方向だけでなく"全方位")は、ハイプ・サイクルに当てはめると、黎明期→流行期を経て、「幻滅期」から「回復期」へのターニングポイントに居ると思います。地道な試行錯誤をして、過度な期待とは異なる利点を見出し、世の中への適切な適用方法を理解していく過程にあります。そんな中でTHETAプラグインという仕掛けが、360°カメラ業界全体における「幻滅期から回復期への脱却」の一助となれば幸いです。

最後に、執筆のお話をいただいたときにはビックリしましたが、このような機会を与えてくださったC&R研究所さまや、RICOH THETAおよびTHETAプラグインに関わるすべての方々に感謝します。そしてカメラ業界がより発展し、新たな道を切り開くことを切に願っています。

INDEX

■著者紹介

山本　勝也
やまもと　かつや

株式会社リコー Smart Vision事業本部 THETA事業部 THETA開発部 企画グループに所属。

デジタルカメラのファームェア技術者（主に、RTOSを利用したシステムの土台作り、鏡筒制御）や企業内研究所の経験を経て、近年は商品企画を担当。

いくつかの会社で勤務経験があり、株式会社リコーでは、RICOH GR DIGITAL Ⅳから搭載されている「インターバル合成」という「都会でも景色とともに星の光跡が撮れる機能」の言い出しっぺ。そんな手前、星空撮影の講師をすることも。

「THETAプラグイン」という仕組みが出来上がったころからAndroidのことを学習しはじめ、作り方を伝える活動もしている。

「つくる」と「つたえる」をワンセットでする人なのかもしれない。

編集担当：吉成明久 / カバーデザイン：秋田勘助（オフィス・エドモント）

●特典がいっぱいのWeb読者アンケートのお知らせ

C&R研究所ではWeb読者アンケートを実施しています。アンケートにお答えいただいた方の中から、抽選でステキなプレゼントが当たります。詳しくは次のURLのトップページ左下のWeb読者アンケート専用バナーをクリックし、アンケートページをご覧ください。

C&R研究所のホームページ **http://www.c-r.com/**

携帯電話からのご応募は、右のQRコードをご利用ください。

THETAプラグインで電子工作

2021年2月5日　　初版発行

著　者	山本勝也	
発行者	池田武人	
発行所	株式会社　シーアンドアール研究所	
	新潟県新潟市北区西名目所4083-6（〒950-3122）	
	電話　025-259-4293　　FAX　025-258-2801	
印刷所	株式会社　ルナテック	

ISBN978-4-86354-335-5　C3055

©Katsuya Yamamoto, 2021　　　　　　　　　　　Printed in Japan